Das MUT-machBUCH für unsichere Hunde

Haftungsausschluss:

Autoren und Verlag haben den Inhalt dieses Buches mit großer Sorgfalt und nach bestem Wissen und Gewissen zusammengestellt. Für eventuelle Schäden an Mensch und Tier, die als Folge von Handlungen und/oder gefassten Beschlüssen aufgrund der gegebenen Informationen entstehen, kann dennoch keine Haftung übernommen werden.

Impressum

CADMOS im CADMOS Verlag

Covergestaltung, grafisches Konzept: Gerlinde Gröll, www.cadmos.de

Layout und Satz: Madeleine Franck

Fotos am Umschlag: Madeleine Franck (Cover und U4),
Fotos und Abbildungen im Innenteil: Madeleine und Rolf C. Franck, shutterstock.com

Lektorat: Madeleine Franck

Druck: www.graspo.com

Deutsche Nationalbibliothek – CIP-Einheitsaufnahme

Die Deutsche Nationalbibliothek verzeichnet diese Publikation in der Deutschen Nationalbibliografie; detaillierte bibliografische Daten sind im Internet über http://dnb.ddb.de abrufbar.

Printed in EU

ISBN: 978-3-8404-2076-4

Madeleine Franck & Rolf C. Franck

Das MUT-machBUCH für unsichere Hunde

Mit positiven Erlebnissen zu mehr Selbstbewusstsein und weniger Stress!

CADMOS

Foto © Madeleine Franck

Inhalt

1

EINLEITUNG

Wir beginnen direkt mit der guten Nachricht: Wenn dein Hund generell unsicher, ängstlich und leicht gestresst ist, kannst du ihm helfen. Und es ist wichtig, sofort damit anzufangen. Denn je länger er mit seinen Unsicherheiten durchs Leben geht und dadurch immer wieder in Situationen gerät, die ihn überfordern, desto eher werden sich seine Ängste verschlimmern und andere Probleme hinzukommen. Vielleicht machst du dir schon länger Sorgen deswegen, vielleicht hast du schon verschiedene Dinge ausprobiert, und vielleicht hast du genau damit verhindert, dass dein Hund aus seiner Unsicherheit heraus schlechte Erfahrungen macht, sich eine konkrete Angst verfestigt oder er aggressives Verhalten zeigt. Vielleicht hast du aber auch das Gefühl, etwas falsch zu machen oder gar „schuld" daran zu sein, wie dein Hund sich verhält.

Wir erleben es im Erstkontakt bei Verhaltensberatungen oder in der Hundeschule oft, dass Besitzer*innen von unsicheren Hunden selbst immer unsicherer werden. Die Ratschläge, mit denen man sich konfrontiert sieht, sind oft widersprüchlich oder wenig konkret:

- „Du darfst den nicht so verhätscheln, da muss er durch!"
- „Vermeide Situationen, in denen dein Hund Stress hat."
- „Wenn er sich bei dir versteckt, musst du ihn ignorieren."
- „Nicht trösten, sonst verstärkst du seine Angst!"
- „Angst kann man durch Trösten nicht verstärken, geh immer auf die Bedürfnisse deines Hundes ein."
- „Du musst ihm Sicherheit vermitteln."

Die übliche Herangehensweise an Hundeprobleme besteht darin, mit dem Hund in die Situation zu gehen, in der das Problem auftritt, um dann am Verhalten zu trainieren. Zeigt der Hund Unsicherheit gegenüber Männern, versucht man Gelegenheiten zu schaffen, in denen er nette Männer trifft. Geht er beim Grillabend mit Freunden dann lieber auf Abstand, bittet man die anwesenden Männer, je nach Trainingsüberzeugung, vielleicht den Hund zu ignorieren, während man ihn zwingt, neben dem Tisch zu liegen. Oder man gibt

Tierschutzhund Shadow konnte mithilfe seiner Besitzerin schon viele Ängste hinter sich lassen.

den Männern Leckerchen in die Hand, damit sie den Hund füttern, um eine positive Erfahrung zu schaffen.

Beides kann in manchen Fällen funktionieren, aber beide Vorgehensweisen können auch dazu führen, dass die Unsicherheit des Hundes sogar schlimmer wird. Die Gemeinsamkeit beider Trainingsideen ist der Fokus auf das „Problem", das der Hund hat. Wenn man sein Leben mit einem Hund teilt, der auf viele verschiedene Auslösereize mit Stress, Unsicherheit oder Angst reagiert, wird der Alltag schnell sehr problemorientiert. Unserer Erfahrung nach haben Hundebesitzer*innen oft sogar ein schlechtes Gewissen, wenn sie den Stressauslösern des Hundes gezielt aus dem Weg gehen, denn „man muss ja was daran tun". Dabei gibt es viele gute Gründe dafür, mit dem Hund vor allem dorthin zu gehen, wo er sich sicher und wohl fühlt.

Allzu leicht kann es passieren, dass sich Sorgen und Unsicherheiten immer weiter verselbstständigen und schließlich den Alltag dominieren. Das gilt für Hund und Mensch gleichermaßen. Auch wenn Hunde ihre Unsicherheit nicht bewusst reflektieren, wirken sich die körperlichen Folgen von Stress und Angsterlebnissen auf ihr zukünftiges Verhalten aus. Dann treten positive Erlebnisse immer weiter in den Hintergrund und der Hund „steht sich selbst im Weg". Das ist doppelt schade, denn umgekehrt ist es genau das Erleben von positiven Emotionen, was die Belastungen durch unangenehme Erfahrungen ausgleichen kann. Gute Stimmung erhöht die Energie für Problemlösekompetenzen und die Fähigkeit, mit den täglichen Herausforderungen klarzukommen. Und auch körperlich wirken positive Gefühlszustände wie ein Puffer gegen die gesundheitlichen Schäden, die ansonsten durch Stresshormone langfristig entstehen.

Mit diesem Buch möchten wir dich ermutigen, das Leben deines Hundes aus verschiedenen Blickwinkeln zu beleuchten. Wir möchten dir zeigen, wie du die Zusammenhänge zwischen Wohlbefinden, Gesundheit, Selbstwirksamkeit und emotionaler Stabilität nutzen und für deinen Hund eine Verbesserung schaffen kannst. Es gibt an vielen Stellen die Möglichkeit, anzusetzen und etwas zu optimieren. Dabei musst du nicht sofort alles gleichzeitig umsetzen oder alles „richtig" machen. Entscheidend ist, dass du deinen Fokus verschiebst und deinem Hund hilfst, seinen ebenfalls zu verschieben, indem er viele positive Erlebnisse und Erfolge hat. Mach dich mit ihm gemeinsam auf den Weg zu mehr Selbstbewusstsein, Mut und einer optimistischen Lebenseinstellung.

Foto © Madeleine Franck

2

AUSGANGSLAGE: UNSICHERHEIT, ANGST, STRESS

In den 1990er-Jahren entstand die moderne affektive Neurowissenschaft, die sich mit den neuronalen Grundlagen von Emotionen beschäftigt. Ein Pionier auf diesem Gebiet war Jaak Panksepp (1943–2017), der inzwischen auch unter Hundebesitzern eine gewisse Bekanntheit erlangt hat. Der estnisch-US-amerikanische Psychologe forschte zu den Zusammenhängen von Hirnaktivität und Sozialverhalten und beschrieb sieben verschiedene Emotionssysteme im Gehirn: Wut, Angst, Seeking (allgemeine Motivation), Lust (Fortpflanzung), Fürsorge, Panik und Spiel.

Panksepp erklärt Emotionen als komplexe Reaktionsmuster des Körpers und des Gehirns auf ihre Umwelt, die dem Lebewesen vermittelt, was gut oder schlecht und was zum Überleben wichtig ist. Emotionale Gefühle entstehen dabei direkt im Gehirn, im Gegensatz zu sensorischen Gefühlen, die über die Sinnesorgane ausgelöst werden, und körperlichen Gefühlen wie Hunger oder Durst. So wie Hunger und Durst steuern, dass das Tier frisst oder trinkt, kann man sich Emotionen als Bedürfnisse des Gehirns vorstellen, die sein generelles Verhalten antreiben und steuern. Oder, wie wir es immer formulieren: Die Emotionen des Hundes sind der Motor hinter seinem Verhalten.

Den sieben Emotionssystemen nach Panksepp liegen verschiedene neuronale Schaltkreise zugrunde, die sich teilweise überschneiden, teilweise aber auch über spezifische Hirnstrukturen und Botenstoffe verfügen. Konkret wird Verhalten durch die Aktivierung oder Hemmung dieser Schaltkreise hervorgerufen. Lernmechanismen funktionieren mit und über diese Emotionssysteme, indem verstärkende oder hemmende Gefühle entstehen. Was sich gut anfühlt, wird weiter oder wiederholt praktiziert; fühlt sich etwas schlecht an, versucht der Hund es zu vermeiden. Es entstehen Verknüpfungen zwischen Verhaltensreaktionen und Auslösern dieser Gefühle, die sich mit jeder erneuten Konfrontation weiter festigen. Die Verhaltensreaktion führt zu Konsequenzen, die sowohl von innen durch die Ausschüttung von bestimmten Botenstoffen (und damit wiederum verbundenen Emotionen) als auch von außen kommen können. Selbst wenn eine Konsequenz als Erstes von außen erfolgt (der Hund erhält beispielsweise eine Belohnung), sind es die damit im Hundegehirn und -körper entstehenden Gefühle, die entscheidend für das Verhalten sind. Das erklärt simpel, warum eine Belohnung nur als Verstärker für ein Verhalten wirkt, wenn der Hund sie auch als Belohnung empfindet.

Mit jeder Wiederholung einer Auslöser-Emotion-Verhaltensreaktion-Emotion-Schleife steigt die Erregung in der nächsten Begegnung mit diesem Auslöser. Es ist vor allem die Stärke der Emotion und damit der Grad der Erregung, die über das Verhalten des Hundes bestimmen. Je höher die Erregung, desto weniger bewusste Entscheidungen kann der Hund treffen und desto mehr greift er auf genetisch vorgesehene oder schon sehr tief verankerte Verhaltensstrategien zurück.

Emotionen beeinflussen

Emotionen sind für Mensch, Hund und andere Säugetiere zentraler Bestandteil bei der Bewertung und Bewältigung alltäglicher Lebenssituationen und Entscheidungen wie auch bei kritischen Lebensereignissen. Willst du deinem Hund zu einer positiveren, zuversichtlichen Grundstimmung im Leben verhelfen, gilt es die Aktivität der Emotionssysteme Seeking, Fürsorge und Spiel möglichst oft zu aktivieren. Dass auch negative Emotionen zum Hundeleben gehören, ist selbstverständlich. Bei unsicheren, ängstlichen und gestressten Hunden sind diese Emotionen jedoch meist deutlich überrepräsentiert. Deshalb solltest du gleichzeitig versuchen, den Hund vor einer zu häufigen und intensiven Aktivierung der Emotionssysteme Wut, Angst und Panik zu schützen.

Das Gehirn passt sich entsprechend seiner Benutzung an – ein tolles Feature, wie wir finden. Hilfst du deinem Hund also dabei, vermehrt positive Emotionen zu empfinden, Entspannung zu erleben und sich bei der Bewältigung von kleinen Herausforderungen erfolgreich zu fühlen, dann stellt sich das Gehirn langfristig genau darauf ein. Das führt dazu, dass neue Situationen anders bewertet werden und entsprechend auch für bereits negativ besetzte Auslöser überhaupt erst die Basis geschaffen wird, eine Neubewertung durch positives Training zu ermöglichen.

Angst, Wut und Panik hemmen

Wenn wir einen genaueren Blick auf die drei Systeme werfen, die wir hemmen wollen, fällt auf, dass sie alle durch negative Verstärkung problematische Bewältigungsstrategien für den Umgang mit bestimmten Reizen oder Situationen festigen. Das Gefühl der Erleichterung ist ein ausgesprochen wirksamer Verstärker, weshalb nicht umsonst viele (umstrittene) Trainingsansätze im Tiertraining darauf aufbauen.

Das Angstsystem (Fear) wird aktiv, wenn der Hund mit einer (realen oder eingebildeten) Gefahr konfrontiert wird. Die emotionale Bewertung einer Situation läuft grundsätzlich schneller ab als ihre kognitive Einschätzung. Das macht auch Sinn, denn wer nicht schnell genug auf eine Gefahr reagiert, könnte verletzt

Wenn das Angst- oder Wutsystem aktiv ist, besteht immer die Gefahr, dass sich durch negative Verstärkung ungünstige Verhaltensstrategien festigen.

werden oder sogar sterben. Im Gehirn ist die Amygdala verantwortlich dafür, schnelle Verhaltensreaktionen auszulösen, wenn es brenzlig wird. Bei hoher Angsterregung stehen jedoch nur eingeschränkte Verhaltensmöglichkeiten zur Verfügung, von denen der Hund eine instinktiv wählen wird. Das sind einerseits Flucht (Flight) oder Einfrieren (Freeze), je nach Situation und Grad der Erregung kommen manchmal auch das sogenannte Einschmeicheln (Fawn) oder Herumalbern (Flirt/Fiddle about) oder andere Übersprunghandlungen zum Vorschein.

Wählt der Hund bei einer Bedrohung statt Flucht lieber Kampf (Fight), ist in seinem Gehirn das Wutsystem aktiv. Es kommt zu einer plötzlichen Ausschüttung von Adrenalin und Noradrenalin. Der Hund greift zu aggressivem Verhalten, das typischerweise eingesetzt wird, um Abstand zu erzeugen und sich selbst, seinen Nachwuchs oder eine Ressource zu verteidigen. Es besteht daher immer die Gefahr, dass sich Angst zu Aggression verschiebt. Zu den mit der Aktivität des Wutsystems assoziierten Gefühlen gehören außerdem Frustration, Empörung und Gereiztheit.

Das Lernen einer erfolgreichen Strategie erfolgt bei aktiviertem Angstsystem durch eine Emotionsverschiebung von Angst zu Erleichterung. Wählt der Hund die Flucht, so verschafft ihm die Distanzvergrößerung zum Auslösereiz seiner Angst ein Erleichterungsgefühl, welches das Weglaufen negativ verstärkt. Das Problem bei Aggressionsverhalten ist, dass einerseits die Emotionsveränderung von Wut zu Erleichterung die gewählte Strategie verstärkt, weil man das Gegenüber erfolgreich eingeschüchtert oder vertrieben hat. Andererseits erzeugt der Cocktail an ausgeschütteten Botenstoffen per se ein vorübergehendes Hochgefühl, sodass manche Hunde den Adrenalinkick suchen, um eine schlechte Alltagsstimmung anzuheben. Ein Teufelskreis beginnt, denn in der Folge sind sie noch leichter reizbar und fühlen sich gestresst.

Das Paniksystem (Panik) hat seinen Ursprung in der Panik, die durch Isolation und Trennung von der Mutter entsteht. Panik ist neurobiologisch nicht als bloße Steigerung von Angst zu verstehen, wie die umgangssprachliche Verwendung der Begriffe vermuten lässt. Es handelt sich vielmehr um eine Art emotionalen Schmerz. Ein kleiner Welpe, der zu weit von der Mutter entfernt ist, fühlt Panik, die ihn zum Handeln zwingt. An Handlungsoptionen wählt er, was ihm je nach Alter zur Verfügung steht, um wieder Nähe herzustellen. Ist er erst wenige Tage alt, wird er laut nach seiner Mutter schreien und damit deren Fürsorgesystem aktivieren. Sie wird zu ihm laufen, ihn ablecken und durch Körperkontakt sowohl für den Welpen als auch für sich die Situation entspannen.

Verhaltensweisen, die beim Hund üblicherweise als „Trennungsangst" bezeichnet werden, gehen mit realen körperlichen Schmerzsymptomen einher. Der Begriff „Trennungsschmerz" ist daher sehr passend und auch Redewendungen wie „Herzschmerz haben" und „Liebeskummer tut weh" spiegeln den emotionalen Schmerz durch soziale Verluste sprachlich wider. Wird das Paniksystem zu stark/oft aktiviert, kann es zur Entstehung von Depression kommen.

Beim Paniksystem erfolgt Lernen durch eine Emotionsveränderung von Panik zu Erleichterung. Erfolgreiche Verhaltensstrategien führen hier zu einer Ausschüttung von Opioiden und Opiaten. Diese sorgen für ein Wohlgefühl, unterdrücken das Schmerzempfinden und machen süchtig. Das erklärt beispielsweise, wieso übersteigertes Leckverhalten bis hin zum Leckekzem so schwer zu durchbrechen ist, wenn der Hund gelernt hat, sich mit dieser Strategie Erleichterungsgefühle zu verschaffen.

Seeking, Fürsorge und Spiel aktivieren

Im Gegensatz zu Angst, Panik und Wut greifen die drei Emotionssysteme Seeking, Fürsorge und Spiel auf positive Verstärkungsmechanismen zurück. Sie wirken direkt belohnend für das Verhalten, das während ihrer Aktivierung gezeigt wird.

Während die anderen Begriffe wie Wut, Angst oder Lust sich leicht aus dem Englischen übersetzen lassen, ist das beim Seeking-System etwas schwieriger. Wörtlich übersetzt bedeutet seeking = suchend, weshalb das Seeking-System manchmal als Suchsystem bezeichnet wird. Verständlicher ist die Umschreibung als „generelles Motivationssystem". Jedes Lebewesen braucht einen Ansporn, der es motiviert, aktiv zu werden und sich auf die Suche beispielsweise nach Futter und Wasser (und ganz allgemein Belohnungen, Erfolgen) zu machen. Das Seeking-System veranlasst daher die Suche nach Ressourcen, die zum Überleben wichtig sind. Es erzeugt Aktivität, die sich per se gut anfühlt, sodass sie aufrechterhalten wird, wie zum Beispiel jede Art von Explorationsverhalten. Das Seeking-System macht Lebewesen aktiv, neugierig, lernwillig, begeisterungsfähig und zielstrebig – also genau das, was wir uns für einen unsicheren Hund wünschen würden!

Die Aktivität des Seeking-Systems sorgt dafür, dass der Hund begeistert vom gerade ausgelebten Verhalten ist. Das Hetzen von Wild oder alternativ einem Spielzeug ist dafür das perfekte Beispiel.

Am einfachsten nachzuvollziehen ist die Wirkung des Seeking-Systems am Beispiel des Jagdverhaltens: Man braucht nicht selbst einen jagdlich interessierten Hund zu haben, um sich vorstellen zu können, wie viel Spaß Jagen und Hetzen einem Hund machen. Jagdverhalten wird deshalb landläufig als „selbstbelohnend" bezeichnet. Die „Belohnung", oder besser gesagt der Verstärker, dafür entsteht im Hund selbst durch die Ausschüttung von Botenstoffen, die ein Hochgefühl erzeugen.

Auch wenn das manchmal von Trainer*innen anders propagiert wird: Ob der Hund am Ende Jagderfolg hat, spielt keine Rolle dafür, wie gern er hetzen geht. Biologisch betrachtet macht das Sinn, denn überlebenswichtige Verhaltensweisen müssen resistent gegenüber Misserfolg sein. Würde Jagdverhalten nur durch die externe „Belohnung" verstärkt, also den Fang der Beute am Ende der Jagd, wäre beispielsweise der Wolf längst ausgestorben, denn man schätzt, dass nur etwa zehn Prozent der Jagdversuche von Wölfen zum Erfolg führen. Warum sollte er sich bei einer 90-prozentigen Misserfolgsquote überhaupt die Mühe machen und nicht lieber gleich faul liegen bleiben und aufgeben? Richtig, weil das Seeking-System ihn immer wieder antreibt.

Per Zufall fanden in den 1950er-Jahren Forscher heraus, dass Ratten ein bestimmtes Gehirnareal so oft wie möglich stimulierten, wenn sie per Elektrode die Möglichkeit dazu bekamen. Die Ratten drückten teilweise bis zur Erschöpfung den „Glückshebel" in ihrem Käfig, um eine Elektrostimulation auszulösen, und ließen dafür auch Futter links liegen. Lange Zeit wurde dieses Areal deshalb als Belohnungszentrum des Gehirns bezeichnet. Inzwischen weiß man, dass das Gehirn über viele verschiedene Belohnungssysteme verfügt und das Seeking-System den Teil des Verhaltens motiviert, der einer Bedürfnisbefriedigung (also zum Beispiel Futter finden, den Hirsch am Ende fangen und so weiter) vorausgeht. Erhält das Tier die „echte" Belohnung, beendet das die Aktivität des Seeking-

Zerrspiele haben jede Menge positive Nebenwirkungen und helfen unsicheren Hunden dabei, sich stark und glücklich zu fühlen - egal ob gerade das das Spiel- oder Seeking-System aktiv ist.

Systems. Ganz nach dem Motto „Vorfreude ist die schönste Freude" scheinen Lebewesen jedoch die mit dem Seeking-System verbundene neuronale Aktivität und die daran beteiligten Botenstoffe oftmals besser zu finden als das, worauf die daraus entstehende Handlung abzielt. Die Emotionen, die dem Seeking-System zugeordnet werden, sind Enthusiasmus, Euphorie, Begeisterung.

Das Seeking-System beinhaltet dopaminerge Systeme, welche verschiedene höhere Hirnregionen versorgen, die für vorausschauendes und zielgerichtetes Handeln verantwortlich sind. Seine hauptverantwortlichen Botenstoffe sind Dopamin, Opioide und Neurotensin.

Das Fürsorgesystem (Care) ist verantwortlich für Liebe und Zuneigung. Oxytocin (das sogenannte „Bindungshormon"), Prolaktin und Dopamin sorgen dafür, dass Körperkontakt, Kuscheln und das Kümmern um jemanden Wohlgefühl und Entspannung verursachen. Damit ist das Fürsorgesystem ausschlaggebend für die Paarbildung, Bindung und das Brutpflegeverhalten von Säugetieren und erklärt neurobiologisch die „Magie" der plötzlich einsetzenden Mutterliebe.

Spannend wird es wiederum beim Spielsystem (Play), denn es ist neuronal klar abgegrenzt vom Seeking-System. Trotzdem ist bei der Beobachtung eines Verhaltens von außen oft nicht erkennbar, welches der beiden Systeme gerade aktiv ist. In beiden kommen stereotype Verhaltensweisen (zum Beispiel das Anschleichen oder Belauern aus der Jagdsequenz) vor, die genau gleich aussehen können. Ob der Hund dabei neuronal im Seeking-Modus oder im Spielmodus ist oder ob beide

Systeme gerade ständig abwechselnd aktiv sind, kann nur vermutet werden. Letztlich ist es für unser Anliegen aber auch gar nicht so wichtig. Opioide und Endorphine sorgen für ein Glücksgefühl und pure Freude am Spiel.

Was bedeutet das für die Praxis?

Die verschiedenen Emotionssysteme vorzustellen ist uns deshalb wichtig, weil du daraus konkrete Hinweise für den Umgang mit deinem unsicheren, ängstlichen oder leicht gestressten Hund ableiten kannst. Die Hundewelt bietet eine Vielzahl von Beziehungs- und Trainingskonzepten, die oft nicht einfach zu durchschauen sind. Ob Rudelführer-Theorie, bedürfnisorientierter Umgang, Nähe-Distanz-Konzepte oder Eltern-Kind-Modell und so weiter – du musst einen Ratschlag nicht erst theoretisch einordnen können, um zu entscheiden, was für deinen Hund gut ist. Es ist der Blick auf die Emotionen des Hundes, der dir hilft, deinen Hund bestmöglich auf dem Weg zum mutigen Hund zu unterstützen.

In der Regel sind unsichere Hunde gleichzeitig pessimistisch. Sie erwarten von einer neuen Situation oder beim Kontakt mit neuen Menschen, Tieren oder Objekten nicht, dass ihnen etwas Gutes passieren könnte. Im Gegenteil, sie machen sich Sorgen, dass gleich etwas Unangenehmes geschieht. Diese Einstellung hemmt ihr Verhalten und nimmt ihnen leicht die Chance, sich vom Gegenteil überzeugen zu lassen. Ein Umgangsstil oder der Einsatz von Trainingstechniken, die sich hemmend auf den Hund auswirken, verschlimmern seine pessimistische Erwartungshaltung. Jede Strafe ist ein unangenehmes Ereignis mehr, das den Hund in seiner Weltsicht bestätigt. Wer mit Strafen arbeitet oder ein konditioniertes Strafsignal einsetzt (zum Beispiel ein Zischen „Kschsch", um Verhalten zu unterbrechen), aktiviert dabei das Angstsystem.

Wir gehen mal davon aus, dass wir über körperliche Strafen hier nicht weiter zu reden brauchen, richtig? Aber auch ein scheinbar harmloses Zischen hat es in sich. Stoppt der Hund beim Zischen sein Verhalten, so funktioniert das genau deshalb, weil das Angstsystem über die Emotionsänderung von Angst zu Erleichterung die Strategie „Sofort aufhören mit dem, was du tust" negativ verstärkt (hat). Die Argumentation, es folge ja keine „echte" Strafe beziehungsweise der Hund könne mit der Verhaltensunterbrechung dafür sorgen, dass ihm nichts passiert, hilft leider nicht. Das Angstsystem ist trotzdem aktiv. Sonst würde das Zischen den Hund schlicht nicht beeindrucken (was bei einem emotional stabilen, selbstsicheren Hund durchaus passieren kann, aber wir schreiben gerade über die gegenteilige Sorte).

Angst ist ein verdammt unangenehmes Gefühl. Auch ein bisschen Angst ist schon ein aversiver Reiz, und wenn man verursacht, dass der Hund sich schlecht fühlt, hat man ihn eben doch bestraft. So sind positive Strafe und negative Verstärkung lerntheoretisch die beiden Seiten der gleichen Medaille. Denn um gezielt negative Verstärkung zu nutzen, muss zuerst etwas Unangenehmes erzeugt werden, das man dann wegnehmen kann, sobald der Hund das gewünschte Verhalten zeigt.

Bestimmt hast du schon mal gehört, man solle sich schnell hinter einem Baum verstecken, wenn der Welpe oder Junghund beim Spaziergang nicht sofort auf den Rückruf reagiert. Das ist ein weiteres gutes Beispiel dafür, wie du dich an den Emotionen des Hundes orientieren kannst, um Ratschläge zu beurteilen. Einem jungen Hund das Gefühl zu geben, vom Menschen verlassen worden zu sein, aktiviert sein Paniksystem. Wenn diese Trainingstechnik Erfolg bringt, dann weil die gefühlte Erleichterung die Nähe zum Menschen verstärkt, sobald der Hund ihn wiedergefunden hat. (Wenn es nicht funktioniert, dann war das Paniksystem nicht aktiviert und der Hund hat einfach kein Problem damit, ohne Zweibeiner durch die Gegend zu bummeln.) Ein unsicherer Hund wird dagegen zukünftig (noch) mehr an seinem Menschen kleben, um ihn nicht wieder zu verlieren. Auch wenn das für viele Hundehalter*innen ein scheinbar erstrebenswertes Ziel ist, behindert es die Entwicklung des Hundes auf dem Weg zu mehr Mut und Selbstsicherheit. Alternativ könnte man die Spaziergehsituation besser organisieren, die Nähe zum Menschen und den Rückruf intensiv positiv verstärken, bevor man ihn schrittweise gegen Ablenkungen absichert. Reagiert der Hund trotz guten Trainings dann einmal nicht auf sein Abrufwort, ist es immer besser, ihn einfach abzuholen, als dafür zu sorgen, dass er sich schlecht fühlt.

Praxistipp: Überlege dir, auf welcher Basis die Trainingsmethoden wirken, die du im Umgang mit deinem Hund verwendest. Überprüfe deinen Hundealltag darauf, ob du vielleicht unabsichtlich oder unbewusst das Angst-, Panik- oder Wutsystem deines Hundes aktivierst. Wenn dem so ist, ändere dein Vorgehen.

Stress einschätzen

Ein weiterer Gegenspieler einer positiven, zuversichtlichen Erwartungshaltung ist Stress. Angst und Stress lösen biologisch betrachtet sehr ähnliche Reaktionen im Körper aus. Hat ein Hund Angst, ist er immer auch gleichzeitig gestresst. Aber nicht jedes Stresserleben geht mit Angst einher.

Es gibt viele verschiedene Definitionen für Stress. Vereinfacht kann man jedoch sagen, dass Stress eine Reaktion des Körpers auf eine Belastung ist. Genau wie bei Angst macht sich der Hund durch automatisch ablaufende Reaktionen dafür bereit, auf diese Belastung zu reagieren. Das vegetative Nervensystem wird angeregt, der Sympathikus aktiviert und sein Gegenspieler, der Parasympathikus, rückt in den Hintergrund.

Der Sympathikus ist für die Aktivierung des Körpers zuständig. Passiert etwas Herausforderndes, sorgt er nach einer kurzen Schockphase dafür, dass sich der Herzschlag beschleunigt und kräftiger wird, die Atmung erhöht und die Bronchien erweitert werden, die Muskulatur besser durchblutet und die Speichelproduktion verringert wird; Verdauungsfunktionen werden gestoppt. Um die nötige Energie für eine Reaktion aufzubringen, werden eine Reihe von Stresshormonen ausgeschüttet. Eine besonders wichtige Rolle spielt dabei Cortisol, welches die Produktion von Glukose in der Leber ankurbelt und den Glykogenabbau in den Muskelzellen aktiviert sowie das Immunsystem unterdrückt.

Der Parasympathikus wirkt dagegen entspannend auf den Körper. Er regt die Verdauung an und stoppt die Cortisolausschüttung. Durch eine Verlangsamung von Herzschlag und Atmung wird der Körper in den Erholungsmodus gebracht, die Muskelspannung nimmt ab und der Stoffwechsel wird angeregt.

Welche Reize und Situationen bei einem Hund Stress auslösen und in welchem Maß, ist individuell sehr unterschiedlich. Die Aktivierung der Emotionssysteme Angst, Panik und Wut ist grundsätzlich immer mit Stress verbunden. Stress kann jedoch auch bei Aktivitäten entstehen, die als positiv empfunden werden. Der Körper unterscheidet dabei nicht zwischen dem Stress, der beispielsweise beim hundesportlichen Training aufkommt, und dem, den der Hund in einer unangenehmen Begegnungssituation hat.

Bei einem typischen "Stressgesicht" hechelt der Hund mit angespannter Zunge, die Mundwinkel und Ohren sind weit nach hinten/oben gezogen, die Augen aufgerissen oder schlitzförmig. Oft sind sie auch gerötet oder tränen. Es entstehen Spannungsfalten in der Gesichtshaut.

Dass ein Lebewesen mit Stressoren konfrontiert wird, ist biologisch normal und notwendig. Auf eine kurzzeitige Belastung reagiert der Organismus wie zuvor beschrieben, löst im Idealfall das Problem und hat danach Zeit, um sich zu erholen. Stress kann jedoch auf drei Wegen schädlich werden:

- Wenn der Hund auf übermäßig viele Reize mit Stress reagiert, also ständig mit neuen Stressoren konfrontiert wird.
- Wenn dem Hund erlernte Strategien fehlen, um die stressige Situation zu meistern, beziehungsweise wenn keine der biologisch vorgesehenen Stressreaktionen zum Erfolg führt.
- Wenn die Erholungsphase nach einem stressigen Ereignis zu kurz oder ganz ausfällt.

Ob Stress schädlich wird, hängt also davon ab, inwieweit der Hund eine Möglichkeit hat, den Stress beziehungsweise die bei einer solchen Erregungssituation ausgeschütteten Hormone wieder abzubauen. In all diesen Fällen kommt es dazu, dass der Stress sich immer mehr aufsummiert. Der Hund ist psychisch überfordert und körperlich überlastet. Ein andauernd hoher Stresspegel, oder auch chronischer Stress, führt nach einer dauerhaften Aktivierung des Körpers in die völlige Erschöpfung, mit der diverse gesundheitliche Probleme einhergehen. Gleichzeitig hinterlässt der chronische Stress Spuren im Gehirn, um auf zukünftige ähnliche Stresssituationen vorbereitet zu sein.

Während der dauernden Überaktivierung ist der Hund in einem ständigen Alarmzustand. Sein Gehirn bewertet aufgrund des hohen Erregungsniveaus jede überraschende, neue oder uneindeutige Situation als potenzielle Gefahr. Dauerhafter Stress erhöht daher das Risiko für die Entwicklung von Angst- und Aggressionsproblemen oder kann auf der anderen Seite den Hund auch in eine Depression führen. Besonders schlimm wird Stress dann, wenn sich ein Hund in einer Situation gar nicht zu helfen weiß.

Stresserregung und blaues Fenster

Geht es also darum, so viel Stress vom Hund fernzuhalten wie möglich? Jein. Der Alltag jedes Hundes besteht aus vielen Momenten, in denen er unter Stress gerät. Umgangssprachlich ist die Bezeichnung Stress klar negativ besetzt. Man spricht vor allem dann von Stress, wenn man das Gefühl hat, etwas nicht zu schaffen, überfordert oder genervt zu sein. Tatsächlich ist jedoch die oben beschriebene Anpassungsreaktion auf einen Stressor für sich genommen noch gar nicht negativ. Im Gegenteil: Stress kann sich sehr gut anfühlen, wenn man dabei das Gefühl hat, eine Belastung erfolgreich zu meistern. Und mit jeder erfolgreich gemeisterten Herausforderung steigt das Selbstwirksamkeitserleben des Hundes, er wird zuversichtlicher, mit einer ähnlichen Situation wieder gut klarzukommen. Du kannst deinem Hund tatsächlich dabei helfen, mutiger zu werden, indem du ihn gezielt mit dem richtigen Maß an Stress konfrontierst und die Situation Erfolg versprechend organisierst.

Um dieses richtige Maß zu finden, ist es jedoch entscheidend, das Stresserleben deines Hundes genau einzuschätzen. Es ist sinnvoll, ihn vorerst vor all den Situationen zu bewahren, in denen er nicht klarkommt oder die insgesamt zu seinem Zuviel an Stress beitragen. Das kann beispielsweise bedeuten, dass du nicht mehr mit ihm an deinem Wohn-

Abbildung 1
Links:
Die Erregungsskala mit blauem Fenster.
Rechts:
Durch gezieltes Training lässt sich das blaue Fenster auf höhere Erregungsstufen ausdehnen.
(Grafiken: Rolf Franck)

ort spazieren gehst, wenn er dort ständig gestresst wird. Stattdessen macht es vielleicht Sinn, deinen Hund ins Auto zu packen und mit ihm irgendwo hinzufahren, wo er entspannte Spaziergänge erleben kann. Es ist außerdem unabdingbar, dass du Auslöser für chronischen Stress deines Hundes aufdeckst und abstellst.

Ein Hilfsmittel, das wir zum Einschätzen des emotionalen Erlebens des Hundes benutzen, ist die Erregungsskala mit unserem sogenannten „blauen Fenster" für bewusstes Verhalten und Selbstkontrolle. Am unteren Ende der Erregungsskala gibt es einen Bereich, der grau gefärbt ist. Dort würden wir einen Hund einordnen, der in eine Art Depression abgerutscht ist. Seine Handlungsbereitschaft ist reduziert, seine emotionale Erregung ist nahezu bei null. Achtung: Dass in diesem Bereich keine Erregung sichtbar ist, heißt nicht, dass der Hund nicht gestresst ist. Er befindet sich im Gegenteil in einem Zustand massiven chronischen Stresses, bei dem er die völlige Erschöpfung nicht mehr ausgleichen kann.

Ist die Erregung gering bis mäßig, ist dagegen alles im grünen Bereich. Je stärker nun die emotionale Erregung des Hundes ansteigt, desto weiter nähert sich der Wert auf der Skala dem roten Bereich. Die Bereiche Grün und Gelb sind dadurch gekennzeichnet, dass der Hund fähig ist, sich bewusst zu verhalten, Neues zu lernen und erlerntes Verhalten zu zeigen. Wir bezeichnen diesen Teil der Skala als „blaues Fenster". Je weiter es in Richtung Rot geht, desto mehr nimmt das bewusste Verhalten ab und instinktives Verhalten kommt zum Vorschein. An einem gewissen Punkt der Erregung ist der Hund nicht mehr ansprechbar und reagiert „kopflos".

Ohne gezielte Förderung umfasst das blaue Fenster für bewusstes Verhalten nur die Bereiche Grün und Gelb. Unsichere, ängstliche Hunde haben generell ein kleines blaues Fenster. Glücklicherweise lässt sich das blaue Fenster auf verschiedenen Wegen vergrößern, durch Sozialisation, Umweltgewöhnung, Einüben von hilfreichen Standardstrategien, Selbstkontroll- und Selbstwirksamkeitstraining, Mutmachspiele und so weiter. Dabei ist der Ausgangspunkt für jedes Training immer ein niedriger Erregungszustand, in dem der Hund stressfrei und optimal lernen kann. Ziel ist es einerseits, dass der Hund langfristig auf unbekannte Reize gar nicht erst mit (Stress-)Erregung reagiert, er also in möglichst vielen Situationen im grünen Bereich bleibt. Andererseits wollen wir ihn befähigen, auch in höheren Erregungslagen bewusste Entscheidungen zu treffen und auf seine erlernten Verhaltensstrategien zuzugreifen.

Wenn wir so viel über Stress schreiben, geht es uns darum, dir dabei zu helfen, eine gute Intuition für die Emotionen deines Hundes zu entwickeln. Indem du dein Wissen und deine Erfahrungen kombinierst, wirst du mit der Zeit immer mehr Sicherheit darin bekommen, schnell und richtig einzuschätzen, wie es deinem Hund gerade geht. Das wird dir dabei helfen, sofort Entscheidungen zu treffen und deinen Hund besser zu unterstützen, wenn er überfordert ist. Auf der anderen Seite wirst du auch besser wissen, wie viel du ihm zutrauen kannst und von welchen Situationen und Herausforderungen er profitieren wird.

Biologische Stressbewältigungsstrategien erkennen

Die Höhe der emotionalen Erregung hat einen starken Einfluss darauf, mit welchem Verhalten der Hund auf einen Stressor reagiert. Je tiefer im orange-roten Bereich, desto geringer der Bewusstseinsgrad des Verhaltens.

Es ist daher wichtig, die folgenden Bewältigungsstrategien als das zu erkennen, was sie sind: Anzeichen für hohes Stresserleben.

Einfrieren (Freeze): Verfallen Hunde bei Stress in eine sekundenlange Starre, wird das Verhalten vom Menschen leicht fehlgedeutet. Typische Beispiele sind Hunde, die in Begegnungssituationen unbeweglich verharren, die schon beim Anblick des Autos nicht mehr weitergehen wollen, geschweige denn zum Einsteigen zu bewegen sind, die die Tierarztpraxis gar nicht erst betreten oder auch zu Hause nicht mehr auf ein Herrufen reagieren, sobald man die Krallenzange in der Hand hat. In vielen solcher Fälle unterstellt der Mensch dem Hund dann „Sturheit" und erkennt nicht, dass sein Hund gerade nicht anders kann. Hilft das Einfrieren nicht, wechselt der Hund oft zu Flucht oder Kampf.

Flucht (Flight): Weniger missverständlich ist es, wenn der Hund aus einer stressigen Situation flüchtet. Dreht er sich beim ersten Donnergrollen auf dem Spaziergang um und läuft nach Hause, ist sofort klar, dass er ein Problem hat. Manchmal fällt eine Fluchtstrategie jedoch weniger dramatisch aus: Der Hund läuft in einem großen Bogen um einen scheinbar gefährlichen gelben Sack, der plötzlich am Straßenrand steht. Jede Strategie, bei der der Hund selbst Abstand zum Stressor herstellt, gehört in die Kategorie Flucht.

Kampf (Fight): Im Hundealltag geht es häufig darum, ungünstige Standardstrategien durch sinnvolles, situationsangepasstes Verhalten zu ersetzen. Kampf, also die Reaktion mit aggressiven Verhaltensweisen, ist praktisch nie erwünscht. Dennoch gehört Drohverhalten vom lauten Ausatmen, Knurren, leichten Lefzenheben, deutlichen Zähnezeigen bis hin zum In-die-Luft-Schnappen ebenso zum natürlichen Verhaltensrepertoire des Hundes wie der tatsächliche Angriff. Umso wichtiger ist es, das Voranschreiten auf der Eskalationsleiter zu verhindern und den Hund nicht in Situationen zu bringen, in denen er sich bedroht sieht. Zur Erinnerung: Auch bei Frustration kann Aggression das Mittel der Wahl werden, um den negativen Emotionszustand aufzulösen.

Einschmeicheln/„Unterwerfen" (Fawn): Entsteht Stress in der Konfrontation mit einem Artgenossen oder Menschen, zeigen manche Hunde ein übertrieben unterwürfiges Verhalten. Mit geduckter Körperhaltung, angelegten Ohren und hektischem Lefzenlecken beim Gegenüber versuchen sie die Konfliktsituation zu entschärfen und Sicherheit für sich herzustellen. Dabei kommt es vor, dass unkontrolliert Urin abgesetzt wird, der Hund zwischen Fawn und Freeze wechselt, sich auf den Rücken legt und sich nicht mehr bewegt. Viele Hundebesitzer*innen bezeichnen dieses Verhalten als aktive Unterwerfung, während vermeintlich die Rangordnung geklärt wird. Da es unsinnig ist, von einer Rangordnung zwischen Hunden und noch mehr zwischen Hund und Mensch zu sprechen, sollte dieser Aspekt bei der Stressbewertung außen vor bleiben. Gerade Welpen und Junghunde zeigen natürlicherweise ein ähnliches Beschwichtigungsverhalten, das sich leicht zur übertriebenen Standardstrategie für Begegnungen verfestigen kann - ohne dass man Welpen ein Fortpflanzungsinteresse unterstellen könnte, bezüglich dessen es eine Rangordnung überhaupt nur zu klären gäbe. Klar ist: Der Hund ist gerade stark gestresst.

Herumalbern (Flirt/Fiddle about): Zeigt der Hund in einer stressigen Situation oder Begegnung Spielaufforderungen und ver-

Foto © shutterstock.com / padnob

Beispiel

Welpenbesitzer*innen klagen häufig darüber, dass sich das Training der Leinenführigkeit mit ihrem Hundekind so schwierig gestaltet: Erst möchte der Welpe auf dem Spaziergang gar nicht laufen und bleibt ständig stehen, sodass man ihn regelrecht mitziehen muss. Wenn er dann irgendwann endlich läuft, hängt er nur noch hechelnd in der Leine. Da er keine Leckerchen nimmt, kann man ihn auch nicht für die Leinenführigkeit belohnen. Was wie ein Trainingsproblem aussieht, ist in Wahrheit ein Stressproblem. Der Welpe ist offenbar völlig überfordert von der Spaziergehsituation und nicht in der Lage, unter diesen Bedingungen auch noch Leinenführigkeit zu üben!

hält sich auffällig „albern", so wirkt es auf unbedarfte Besitzer*innen oft so, als hätte er gerade Spaß. Tatsächlich versucht er die Anspannung durch Spielverhalten sowohl in seinem eigenen Körper aufzulösen als auch den schwelenden Konflikt zu deeskalieren. Er versucht das Problem im wortwörtlichen Sinn zu „überspielen". Im Gegensatz zu echtem, schönem Spielverhalten entsteht jedoch aus einer solchen Stresserregung heraus meist nur ein unschönes Hetz- oder Rempelspiel. Egal, wie das Gegenüber reagiert, solltest du deinem Hund helfen und ihn aus der Situation nehmen.

Abgesehen vom Spielverhalten können auch andere Verhaltensweisen als eine Art Übersprungreaktion auftreten, die eigentlich gerade nicht zur Situation passen: sich schütteln, auf den Boden werfen und wälzen, sich kratzen, Gras fressen, Bellen, Scharren oder Dinge zerkauen, etwas apportieren und viele mehr. Meist sind es alltägliche Verhaltensweisen, die sich für den Hund gut anfühlen und die er für sich nutzt, um sein Wohlbefinden in der Stresssituation zu verbessern, den Konflikt sozusagen zu „überspringen" und zu einem anderen Thema überzugehen.

Körpersprache lesen

Die emotionale Erregung und das Stresslevel deines Hundes kannst du also im Extremfall daran erkennen, dass er zu einer der „F-Strategien" greift. Stress zeichnet sich jedoch im Verhalten ab, schon bevor er in den orangen oder roten Bereich steigt. Um an der Körpersprache deines Hundes ablesen zu können, wann er sich unwohl oder unsicher, also gestresst fühlt, beobachte ihn zuerst einmal in Entspannung. Präge dir genau ein, wie seine Mimik, seine Körperhaltung und seine

Bewegungen aussehen, wenn er sich in seinem sicheren Zuhause bewegt. Das ist die Baseline seines Verhaltens, mit der du seine Körpersprache dann in anderen Situationen vergleichen kannst.

Gerät der Hund unter Stress, kannst du die Anspannung in seinem Körper und in seinen Bewegungen sehen. Die Körperhaltung und seine Schritte werden steifer, denn der Muskeltonus steigt. Du wirst wahrscheinlich sogenannte Beschwichtigungszeichen beobachten: Gähnen, Züngeln oder Über-die-Schnauze-Lecken, vermehrtes Blinzeln oder Augen-Zusammenkneifen, Kopf und/oder ganzen Körper abwenden, Schnüffeln, Markieren, Grasfressen, Sich-Kratzen, verlangsamte Bewegungen, Strecken oder Vorderkörpertiefstellung und viele mehr. Ursprünglich wurden Beschwichtigungssignale so interpretiert, dass sie in einer Interaktion das Gegenüber besänftigen sollen und daher vorrangig kommunikativ eingesetzt werden. Jedes Verhalten erfüllt jedoch auch im Hundekörper selbst eine Funktion. Es macht daher wenig Sinn, beispielsweise ein Kratzen entweder als Übersprungreaktion oder als Beschwichtigungssignal zu werten. Es ist vielmehr ein Anzeichen für Stress oder einen (inneren) Konflikt, in dem sich der Hund gerade befindet.

In vielen Stresssituationen kannst du ein typisches „Stressgesicht" bei deinem Hund sehen: Die Kopfhaut und die Lefzen werden nach hinten gezogen, sodass die Augen weit aufgerissen aussehen und sich Falten in den Maulwinkeln bilden. Die Pupillen sind erweitert, oft ist das Weiße sichtbar, die Ohren sind hoch angesetzt und eng nach hinten geklappt. Die Zunge ist angespannt und meist spatelförmig; der Hund hechelt schnell.

Um ein Gefühl für typische Stressanzeichen zu bekommen, ist es sinnvoll, sich gezielt mit der Körpersprache von Hunden zu beschäftigen, zum Beispiel mithilfe des Buchs „Sprich Hund! Körpersprache verstehen, Missverständnisse vermeiden" von Christiane Jacobs aus dem Cadmos Verlag. Viele kostenlose Artikel, Erklärungen und Videoanalysen findest du auch auf der zugehörigen Website www.sprichhund.de.

Stress messbar machen

Manchmal ist es trotz Körpersprache nicht ganz einfach, die situative Erregung des Hundes und vor allem das Gesamtlevel des Stresserlebens zuverlässig einzuschätzen. Wir empfehlen daher Besitzer*innen von unsicheren, leicht gestressten Hunden, für einen gewissen Zeitraum einen Pulsmesser als Hilfsmittel zu nutzen. Bewährt hat sich für uns ein einfacher, optischer Pulssensor von Polar, der an einem verstellbaren elastischen Gurt (gedacht für den Oberarm des Menschen) am Hals des Hundes befestigt wird. Über Bluetooth sendet der Sensor kontinuierlich den Puls des Hundes an eine Auswertungs-App (zum Beispiel PolarBeat oder eine andere Sport-App) auf dem Smartphone. Wer über eine Smartwatch verfügt, kann sich die Daten parallel auch dort anzeigen lassen. Die App speichert außerdem die Pulswerte im Verlauf und gibt sie in verschiedenen Auswertungsdiagrammen wieder.

Als normale Pulswerte werden je nach Hundegröße und Quelle zwischen 70/80 bis 100/120 Schläge pro Minute als „normal" für einen ausgewachsenen Hund angegeben. Unserer Erfahrung nach liegen die Ruhepulswerte aller gemessenen (mittelgroßen) Hunde deutlich darunter, bei eher 50–60 Schlägen. Als Erregungsspitzen haben wir bis zu 160 Schläge gemessen.

Um die Pulswertung für dich zu nutzen, solltest du zuerst in einem entspannten Moment zu Hause überprüfen, ob der Sensor

Mithilfe eines Pulssensors und einer Sport-App lässt sich Stress beim Hund messbar machen und ein Anstieg der Erregung beim Anblick bestimmter Reize dokumentieren.

korrekt funktioniert. Miss dazu von Hand den Puls deines Hundes an der Innenseite des Oberschenkels und gleiche den ermittelten Wert mit dem angegebenen Pulswert in der App ab. Stimmen die Werte überein, kannst du mit deiner Aufzeichnung beginnen. Ähnlich wie bei der Körpersprache ist es sinnvoll, erst einmal eine Art Baseline für verschiedene Situationen zu bestimmen. Selbstverständlich ist die Herz- und damit die Pulsfrequenz abhängig von mehreren Faktoren, allen voran Bewegung und körperlicher Anstrengung. Da es aber wenig praktikabel (dafür teuer) ist, Cortisol-Speicheltests zum Bewerten von Stress in Alltagssituationen einzusetzen, gibt dir die Pulsmessung trotz Abstrichen gute Anhaltspunkte. Wir empfehlen dir, eine Art Protokoll für die erste Messwoche zu führen, damit du Durchschnittswerte für entspannte Spaziergänge, das Chillen zu Hause aus dem Sofa, Alleinbleiben, Fütterung, Trainingssituationen, Spielen und so weiter ermitteln kannst. Schon nach dieser ersten Woche kannst du auswerten, ob dein Hund insgesamt genügend Ruhe- und Entspannungsphasen hat. Wie viele Stunden am Tag ist sein Puls im Ruhebereich? Verteilen sich die gemessenen Werte gleichmäßig auf verschiedene Pulsbereiche? Oder liegt der Puls die meiste Tageszeit im oberen Bereich?

Spannend wird es, wenn du nun die Veränderung der Herzfrequenz als Reaktion auf bestimmte Auslösereize beobachtest. Dabei kannst du in Echtzeit auf der App sehen, wie beispielsweise der Pulswert ansteigt, wenn ein fremder Hund auf euch zukommt. Du kannst die Effektivität deiner Entspannungssignale und -rituale überprüfen, indem du testest, ob sie auch tatsächlich den Puls senken. Gleiche dein Gefühl zum Stresswert deines Hundes auf der Erregungsskala mit den Werten ab, die du durch die Pulsmessung ermittelst. Wie groß ist sein blaues Fenster wirklich? Wie viele Umweltreize, welche Geräusche oder Ähnliches bereiten ihm – vielleicht sogar dauerhaften – Stress?

Foto © Madeleine Franck

3

MUT, RESILIENZ, SELBSTBEWUSSTSEIN

Es gibt Hunde, die bleiben von unangenehmen Erlebnissen scheinbar völlig unbeeindruckt. Der typische „Der-tut-nix"-Hund geht beispielsweise in Hundebegegnungen mit der unerschütterlichen Erwartung, dass jeder andere Vierbeiner ihm wohlgesinnt ist. Reagiert der andere unwirsch, verbucht der „Der-tut-nix" das als Ausnahme und versucht sein Glück beim nächsten Hund trotzdem noch mal. Jede freundliche Begegnung und jeder nette Spielkontakt verstärken seine Begegnungsstrategie, wogegen er eine Abfuhr im wahrsten Sinne des Wortes einfach „abschüttelt" und weiterläuft. Für einen ängstlichen Hund ist jede schlechte Begegnung dagegen eine zu viel. Warum verarbeiten verschiedene Hunde ihre Erfahrungen so unterschiedlich?

Die Persönlichkeitseigenschaften von Hunden entwickeln sich aus einem Zusammenspiel verschiedener Faktoren, die zum einen den Hund selbst und zum anderen seine Umwelt betreffen. Dieser Prozess ist dynamisch und kann an vielen Stellen beeinflusst werden. Auf die Entstehung von Angstproblemen wirken sich beispielsweise verschiedene biologische Faktoren aus, allen voran der genetisch bedingte Anteil von Ängstlichkeit. Auch das Stresserleben der Mutterhündin während der Trächtigkeit hat hormonelle Auswirkungen auf die Welpen; Krankheiten und Schmerzen sind lebenslang ein Risikofaktor für die Entwicklung von Ängsten. Auf der anderen Seite stehen Umweltfaktoren, wobei die Erlebnisse der Welpen in den ersten Lebenswochen von entscheidender Bedeutung sind.

Bis zu dem Zeitpunkt, wenn das Gefahrenvermeidungsverhalten einsetzt, reagieren Welpen auf neue Dinge eher mit Neugier als mit Vorsicht. Je mehr unterschiedliche Reize wie Geräusche, Anblicke und Berührungen sie in dieser Zeit kennenlernen, desto besser. Offenbar gibt es hier rasseabhängige Unterschiede, die jedoch noch wenig erforscht sind. Signifikate Unterschiede wurden beim Vergleich von Deutschen Schäferhunden (früherer Einsatz) mit Cavalier-King-Charles-Spaniels (späterer Einsatz des Gefahrenvermeidungsverhaltens) gefunden. Umso mehr

Mit einer optimalen Aufzucht und Förderung in den ersten Lebensmonaten, lässt sich die Persönlichkeitsentwicklung auch bei Rassen positiv beeinflussen, die eher zu Unsicherheiten neigen.

müssten sich Züchter*innen von Schäferhunden ins Zeug legen, um ihren Welpen viele Reize zur Umweltsozialisation und Gewöhnung zu bieten, wogegen Welpenkäufer*innen eines Cavaliers ein gewisses Zeitfenster hätten, um mögliche Versäumnisse der Züchter*innen auszugleichen.

Biologische und Umweltfaktoren spielen also von Anfang an zusammen, wenn es um die Entstehung von Ängstlichkeit geht. Genetische Anlagen, vorgeburtliche und frühe Erfahrungen, lebenslange Erlebnisse – sie prägen die Persönlichkeit eines Hundes auch im Hinblick auf die von uns erwünschten Eigenschaften, wie Gelassenheit, Selbstbewusstsein oder Mut. Dabei wirken sich nicht nur traumatische Erfahrungen negativ aus, sondern auch schlicht zu wenig (positive) Erfahrungen. Veränderungen sind glücklicherweise ein Hundeleben lang möglich.

Neben dem Wissen darüber, wie du deinen Hund vor schlechten Einflüssen schützt, seine Lebensbedingungen optimierst und ihn durch gutes Training in seiner Entwicklung fördern kannst, ist Zeit der wichtigste Faktor für Veränderungen. Um eine individuelle Prognose zu wagen, wie schnell und wie sehr sich das Verhalten deines Hundes (noch) verändern kann, musst du berücksichtigen, wie lange er schon in seiner Unsicherheit feststeckt. Einzelne traumatische Erlebnisse wirken sich im jungen Alter stärker aus als im späteren Leben, können aber auch schneller wieder ausgeglichen werden als eine über Jahre bestehende Ängstlichkeit. Typischerweise nehmen Angstprobleme mit der Zeit eher zu, wenn man ihnen nicht aktiv entgegenwirkt. Damit das deinem Hund nicht passiert, ist es wichtig, seine Resilienz zu stärken.

Was ist Resilienz?

Der anfangs beschriebene „Der-tut-nix"-Hund verfügt über eine Eigenschaft, die man Resilienz nennt. Gemeint ist die innere Stärke, Belastungen an sich abprallen zu lassen, ohne davon Schaden zu nehmen. Oft wird Resilienz deshalb als eine Art „Immunsystem der Seele" bezeichnet.

Es gibt verschiedene Konzepte, die einzelne Faktoren definieren, welche gemeinsam eine gute Resilienz ausmachen. In fast allen spielen Optimismus, Selbstwirksamkeit, soziale Beziehungen, Lösungsorientierung und eine gewisse Selbstregulation eine wichtige Rolle. Resilienz ist also eine sehr komplexe Eigenschaft, und es gibt an vielen Stellen Möglichkeiten, um etwas zu verbessern.

Optimismus

Ein optimistischer Hund erwartet, dass ihm in seinem Leben Gutes passiert. Sein Fokus ist auf Erfolge gerichtet, Misserfolge stören ihn nicht weiter. Das ist genau die Einstellung, die du deinem Hund mit positivem, also belohnungsbasiertem Training vermitteln kannst. Vielleicht ist es dafür nötig, auch deine eigene Sicht auf die Dinge zu ändern: Statt darauf zu warten, dass dein Hund bei einer konkreten Übung oder bei seinem Verhalten im Alltag einen (vermeintlichen) „Fehler" macht, solltest du dich darauf fokussieren, was dein Hund alles richtig macht. Dabei lautet das Motto: „Erfolge wollen organisiert werden." Sorge also mithilfe von Management dafür, dass dein Hund viele Gelegenheiten hat, die richtigen Entscheidungen zu treffen. Verhindere falsche Entscheidungen proaktiv, anstatt darauf reagieren zu müssen.

Mit Management sind einerseits einfache organisatorische Mittel gemeint und auf der anderen Seite dein Übungsaufbau und dein Belohnungsmanagement. Ein Beispiel für Ersteres wäre, deinen Hund an einen Maulkorb zu gewöhnen, wenn er auf dem Spaziergang ständig unerwünschte Dinge vom Boden aufnimmt. Anstatt dich also zu ärgern, weil er schon wieder etwas Ekeliges gefressen hat, kannst du mit ihm am Ignorieren oder Anzeigen von Fressbarem trainieren. Mit dem passenden Maulkorb kann dein Hund nichts ungewollt aufnehmen, aber du kannst ihm weiterhin gezielt Leckerchen durchs Gitter stecken.

Wenn es um Belohnungsmanagement und Übungsaufbau geht, ist ein bisschen mehr Technik gefordert. Stell dir vor, du möchtest deinem Hund „Sitz und Bleib" beibringen. Dafür brauchst du zusätzlich zum Hörzeichen für „Sitz" ein Auflösungswort wie „Okay" oder „Lauf", das dem Hund signalisiert, wann er wieder aufstehen darf. Oft kann man Hundemenschen dabei beobachten, wie sie ihrem Hund diese Übung ungefähr so vermitteln: Sie lassen ihn sitzen, entfernen sich schrittweise und sagen dabei „Bleib. - Bleeeeeib! - BLEIB!!!" mit immer mehr Nachdruck, je weiter sie weggehen. Steht der Hund vor dem „Okay" auf, wird er körpersprachlich oder mit einem „Nein" korrigiert und zurück in die Position befördert. Lerntechnisch sinnvoller ist es, die Fehler des Hundes zu verhindern, indem man im Sitz sofort anfängt zu markern und zu belohnen. Der Hund lernt das Auflösungswort erst mal ohne Abstand, dann pendelt man schrittweise weg und immer sofort wieder mit der Belohnung zurück. Je schwerer dem Hund das Sitzenbleiben fällt, desto kleinschrittiger geht man vor und desto mehr Leckerchen und Lob gibt es im Sitz, also für das richtige Verhalten. Der Fokus liegt darauf, dem Hund zu vermitteln: „Wie toll, dass du die ganze Zeit sitzt", anstatt: „Wie blöd, dass du zu früh aufgestanden bist." Passiert trotzdem ein Fehler, wird der in diesem Lernstadium einfach ignoriert. Vielleicht muss die Belohnung schneller oder exakter am richtigen Ort überreicht werden, vielleicht ist die Ablenkung zu groß - auf jeden Fall ist es ein Fehler im Belohnungsmanagement oder im Übungsaufbau des Menschen, denn der Hund weiß ja noch gar nicht, was er tun soll. Später steigen selbstverständlich die Anforderungen, aber auch dann bleibt der Fokus auf dem richtigen Verhalten.

Ein Hund, der auf diese Art alles lernen darf, was für den Alltag wichtig ist, wird mit jeder neuen Übung mehr Spaß am gemeinsamen Training haben. Er wird optimistisch im Hinblick auf die Interaktion mit seinem Menschen und die „Aufträge", die er bekommt. Wenn dein Hund längst Sitz, Platz und Co kann, bring ihm einfach etwas Neues bei. Übe Steh und Bleib, ohne dass er eine Pfote versetzt (das wird dein exaktes Belohnungsmanagement verbessern), trainiere Tricks oder probiere verschiedene Hundesportarten aus, denn es geht darum, immer wieder neue Möglichkeiten für Erfolgsgefühle zu schaffen.

Selbstwirksamkeit

Auch ein Hund mit einer hohen Selbstwirksamkeitserwartung lässt sich durch Misserfolge nicht groß verunsichern. Das liegt daran, dass er darauf vertraut, durch sein eigenes Verhalten etwas bewirken zu können. Selbstwirksamkeit beinhaltet „SELBST Einfluss nehmen" und „WIRKSAMKEIT des gezeigten Verhaltens". Dadurch entsteht das Gefühl, eine gewisse Kontrolle über das eigene Leben und die Umwelt zu haben. Dieses absolute Grundbedürfnis von Lebewesen wird allzu oft in der Hundehaltung stark eingeschränkt. Der Mensch trifft Entscheidungen für den Hund, konfrontiert ihn mit Situationen und schränkt quasi ständig seine Handlungsoptionen ein. Bis zu einem gewissen Grad liegt das in der Natur der Sache: Der Mensch trägt in unserer Lebenswelt die Verantwortung für das Verhalten des Hundes.

Indem du dir bewusst machst, wann deine Einflussnahme auf den Hund unabdingbar ist, eröffnen sich gleichzeitig Möglichkeiten, seine Selbstwirksamkeit zu stärken. Denn überall dort, wo nicht zwingend du entscheiden musst, kannst du deinem Hund Wahlmöglichkeiten eröffnen. Beginne damit, dir die Bedürfnisse deines Hundes bewusst zu machen, indem du konkret hinterfragst, was er in einer Situation gerade möchte. Viele ängstliche Hunde wollen beispielsweise gar nicht spazieren gehen oder nur bei bestimmten Wetterbedingungen oder nicht an bestimmten Tagen, aus Gründen, die nicht immer offensichtlich sind. Wenn du einen eigenen Garten hast und dein Hund dir klar signalisiert, dass er das Grundstück nicht verlassen will, warum solltest du ihn überreden? Bleibst du mit ihm im Garten, kannst du zwei Fliegen mit einer Klappe schlagen: Einerseits schützt du deinen Hund vor unnötigem Stress auf dem Spaziergang und andererseits vermittelst du ihm, dass seine Entscheidung respektiert wird. Statt angespannt Gassi zu gehen, kannst du mit ihm in seiner sicheren Umgebung schöne Dinge trainieren oder Mutmachspiele spielen, die langfristig seine Stimmung verbessern.

Geht dein Hund gern spazieren, ist es dir bestimmt schon passiert, dass er woanders hinwollte als du. Klar, manchmal hat man nur Zeit für eine kurze Runde oder möchte eine bestimmte Strecke vermeiden, aber an anderen Tagen könnte dein Hund doch entscheiden, wie der Spaziergang verläuft. Ob im Freilauf oder im abgesicherten Modus: Lass deinen Hund vorgehen und folge ihm, wohin er möchte. Möchte er irgendwo anhalten und

Darf der Hund die Gassi-Strecke auswählen und an Kreuzungen entscheiden, wohin er gehen möchte, steigert das seine Selbstwirksamkeit.

schnüffeln, dann bleib geduldig, bis cr von selbst weitergeht. Wenn er gelernt hat, an Wegkreuzungen auf dich und deinen Impuls zu warten, gib einmal keine Richtung vor. Du kannst ein neues Hörzeichen wie „Wohin?" einführen und abwarten, für welchen Weg er sich entscheidet. Vielleicht wird dieser Spaziergang nicht nur für deinen Hund, sondern auch für dich eine schöne neue Erfahrung.

Auch in Bezug auf die Selbstwirksamkeit ist es wichtig, sich mit der Körpersprache von Hunden zu beschäftigen. Hunde kommunizieren ihre Interessen und Emotionen in der Regel klar und deutlich, machen jedoch leider oft die Erfahrung, nicht ernst genommen zu werden. Wir sehen immer wieder Hunde, die von ihren Menschen in unmögliche Situationen gebracht werden, sowohl aus Gedankenlosigkeit oder Unwissenheit als auch aus Überzeugung – Hunde, die trotz deutlicher Stessanzeichen achtlos durch die Fußgängerzone oder durchs Einkaufzentrum geschleift werden, oder Hunde, die sich auf der Hundewiese schutzsuchend bei ihrem Menschen verstecken wollen und weggeschickt werden, um nur zwei Beispiele zu nennen. Manche Erziehungskonzepte vermitteln sogar explizit, dass der Mensch die Äußerungen von Bedürfnissen des Hundes ignorieren soll, damit der Hund nicht vermeintlich „dominant" wird. Bei einer Katze käme niemand auf die Idee, sie erst auf ihren Platz zu schicken, wenn sie laut maunzend ihr Futter verlangt, die Tür geöffnet haben oder spielen will. „Katzen sind halt so", heißt es, wenn die Katze selbst entscheidet, wann man sie streicheln darf (und muss) oder

Ankündigungswörter und Rituale vermitteln dem Hund in vielen Situationen ein gewisses Kontrollgefühl, das ihm Sicherheit gibt.

wann es ihr an Interaktion zu viel wird. Wir möchten dich ermutigen, auch deinen Hund öfter nach seinen Wünschen zu „fragen" und darauf einzugehen, wenn er dir mit seinem Verhalten etwas sagen will. Bringt er dir ein Spielzeug, liegt es auf der Hand, dass er spielen möchte – wenn du jetzt noch einen Ankündigungssatz wie „Willst du spielen?" etablierst, hilft dir das gleichzeitig dabei, seine Spielbereitschaft unter Signalkontrolle zu bekommen. Mit gezieltem Spieltraining kannst du ihm später helfen, auch an fremden Orten oder in unbekannten Situationen aus sich herauszukommen (siehe Seite 81).

Mit dem Hund zu sprechen und dabei bestimmte Ankündigungssätze und -wörter zu nutzen, gibt ihm auch in potenziell unangenehmen Situationen ein gewisses Kontrollgefühl. Es hilft ihm, sich darauf einzustellen, was gleich passieren wird. Du kannst ihm ankündigen, wenn du ihn anleinen möchtest, anstatt ohne Vorwarnung in sein Geschirr oder Halsband zu greifen. Wenn du das Anleinen positiv verknüpfst, wird sich der Hund nicht nur darauf einstellen, sondern nach dem Hörzeichen „Leine" selbst einen Schritt auf dich zukommen. Es braucht vor allem Achtsamkeit deinerseits und positive Verstärkung, um deinem Hund in vielen Alltagssituationen wie beim Anleinen, Krallenschneiden, Zecken-Entfernen, Ins-Auto-Heben und so weiter ein gutes Gefühl zu geben. Meist reicht es dann schon, dem Hund überhaupt die Chance einzuräumen, aktiv mit dir zu kooperieren, damit er es tut.

Ein Weg, um diese Kooperation für Pflegehandlungen aufzubauen und damit gleichzeitig dem Hund ein großes Gefühl der Selbstwirksamkeit zu vermitteln, ist das „Bucket Game" des englischen Trainers Chirag Patel.

Dazu brauchst du einen kleinen Eimer, in den du Futter füllst. Als Erstes lernt der Hund, sich in Anwesenheit des offensichtlichen Futters zu kontrollieren, das heißt, nicht zu versuchen, ans Futter zu gelangen, und dabei still zu sein. Halte den Eimer erst im Stehen vor der Brust, dann hüfthoch, dann kniehoch, stelle es dann auf den Boden, benutze dein Markerwort ("Click", siehe Seite 33) und nimm Futterstückchen aus dem Eimer, um den Hund für braves Abstandhalten zu belohnen. Bewegt sich der Hund auf den Eimer zu, hebe diesen schnell nach oben außer Reichweite. Sage dazu kein „Nein" oder „Lass es!". Kannst du den Eimer auf dem Boden abstellen, belohne den Hund immer wieder dafür, dass er seinen Blick ruhig darauf gerichtet hält. Greife dazu jedes Mal in den Eimer und nimm ein einzelnes Leckerchen heraus, damit nicht nur dein Click, sondern auch die echte Belohnung so oft wie möglich den Fokus auf den Eimer verstärkt. Im nächsten Schritt bewegst du deine Hand in der Luft rund um den Hund, erst mal ohne ihn anzufassen. Hält er dabei den Blick auf den Eimer gerichtet, gibt es stetig weitere Clicks und Futterstücke daraus. Dreht er den Kopf zu dir oder deiner Hand, ziehst du die Hand zurück und es gibt keine Belohnung. Der Hund soll verstehen, dass er selbst entscheiden kann, was als Nächstes passiert: Ist es für ihn okay, angefasst zu werden, kann er den Fokus auf dem Eimer lassen und dafür belohnt werden. Möchte er keine Berührung, kann er das mit dem Abwenden des Blicks signalisieren und wird ernst genommen.

Hat der Hund die Spielregeln verstanden, gibt es Clicks und Futter aus dem Eimer für einzelne kurze Berührungen, dann längere, und schließlich kannst du verschiedene Pflegeutensilien mit ins Spiel bringen. Dein Ziel sollte es sein, den Hund in einem Zustand zu halten, in dem er all diese Manipulationen so gut findet, dass er sich aktiv dafür entscheidet, sie hinzunehmen. Setze dazu zusätzlich zu den Clicks und Leckerchen auch deine Stimme gezielt ein und erzähle ihm, wie toll er das alles macht. Dadurch, dass du sein Abwenden als „Pause"-Signal verstehst, wird er nie einen Grund haben, sein Unbehagen deutlicher zu kommunizieren, und fühlt sich der Situation nicht ausgeliefert.

Soziale Beziehungen

Wenn du mit deinem Hund achtsam umgehst und wie oben beschrieben seine Bedürfnisse berücksichtigst, wirst du für ihn eine verlässliche Bezugsperson und gleichzeitig Teil seines sozialen Auffangnetzes, das ein Baustein einer guten Resilienz ist. Da wir auf die Bedeutsamkeit der Mensch-Hund-Beziehung noch ausführlich eingehen, wenden wir an dieser Stelle den Blick auf die Beziehungen deines Hundes zu seinen Artgenossen. Es ist von Vorteil, wenn dein Hund auch in Begegnungssituationen mit unbekannten Hunden kompetent ist und Strategien für freundliche Kontaktaufnahmen hat. Das kann ihm im Alltag häufig Stress ersparen und, wenn es gut läuft, sogar positive Emotionen einbringen. Viel wichtiger ist es jedoch, dass er feste Freundschaften pflegen darf und es einzelne Hunde gibt, mit denen er sich wirklich gut versteht.

Viele Hundebesitzer*innen erwarten, dass ihr Hund auf dem Spaziergang mit beliebigen fremden Hunden spielt oder zumindest jeden anderen nett begrüßt. Pauschal kann man sagen: Damit sind die meisten Hunde überfordert, unsichere und ängstliche Hunde oft erst recht. Ein sinnvolles Trainingsziel ist es, dass dein Hund stressfrei ohne Kontaktaufnahme an Artgenossen vorbeigehen kann. Statt auf wahllose Begegnungen mit Hunden zu setzen, solltest du deinem Hund dabei helfen, Freundschaften zu knüpfen. Wähle genau aus, mit welchen Hunden du deinen zusammenlässt, um schlechte Erfahrungen zu vermeiden. Bring deinen Hund nicht in eine Situation, in der er sich mit anderen auseinandersetzen, sich gegen sie wehren oder vor ihnen flüchten muss. Sorge dafür, dass er genügend Zeit und Abstand hat, um nur sozial kompetente, freundliche Hunde in Ruhe kennenzulernen.

Freundschaften unter Hunden brauchen genau wie bei Menschen eine gewisse Kennenlernphase und gegenseitige Sympathie. Vielleicht lässt sich sogar beides verbinden und du triffst in deiner Hundeschule auf nette Mensch-Hund-Teams, mit denen du dich verabreden kannst. Gemeinsame, angeleinte Spaziergänge sind der ideale Einstieg in eine Freundschaft, denn auf dem Spaziergang gibt es immer noch etwas anderes zu tun, als sich nur mit dem Gegenüber zu beschäftigen. Bestärke deinen schüchternen Hund darin, dem anderen hinterherzuschnüffeln, geht, wenn nötig, anfangs mit größerem Abstand hintereinander und erst später nebeneinanderher. Nutze Click-für-Blick (Seite 72), um den Anblick des anderen Hundes gezielt positiv zu verknüpfen. Leint die Hunde erst ab, wenn ein Vertrauensverhältnis entstanden ist und deiner das Verhalten des anderen einschätzen kann. Idealer Spaziergehkumpel für einen ängstlichen oder zurückhaltenden Hund ist ein Vierbeiner, der keinesfalls aufdringlich ist, der deinen vielleicht erst einmal gar nicht groß beachtet und der gelassen und fein kommuniziert.

Aus den individuellen Beziehungen, die dein Hund auf diese Art aufbaut, wird er positive Erwartungen und Verhaltensstrategien für zukünftige Begegnungen mitnehmen. Wird aus einer Gassibekanntschaft mit der Zeit eine Freundschaft, addiert sich diese als ein kleines Puzzleteil zur Resilienz deines Hundes hinzu.

Lösungsorientierung

Eine gute Problemlösekompetenz und vor allem eine lösungsorientierte Einstellung gelten als entscheidende Bausteine von Resilienz. Probleme erzeugen Stress und wie bei den verschiedenen Stressbewältigungsstrategien beschrieben, gehen Hunde damit ganz unterschiedlich um. Friert dein Hund unter Stress ein, reagiert er passiv und fühlt sich wahrscheinlich der Situation ausgeliefert (hier spielen Lösungsorientierung und Selbstwirksamkeitserwartung zusammen)? In abgeschwächter Form kann man dies in verschiedenen „Problemsituationen" erkennen: Während Hund A angesichts eines im typischen Intelligenzspielzeug versteckten Leckerchens nur vorsichtig schnüffelt und dann abwartet, ob es von selbst wieder zum Vorschein kommt, wird Hund B sofort aktiv. Er kratzt oder schubst das Spielzeug, setzt seine Zähne ein und probiert aus, welche Strategie zum Erfolg führt.

Die Auswahl an käuflichen Intelligenzspielzeugen ist inzwischen riesig. Bei manchen müssen Deckel angehoben oder Schubladen geöffnet werden, um an das Futter zu kommen, bei anderen gilt es, Elemente zu verschieben oder zu drehen. Spielzeuge mit hohem Schwierigkeitsgrad kombinieren verschiedene Lösungswege und erwarten mehr Ausdauer und Kreativität vom Hund. Diese sind vor allem beim Erlernen der Spielzeuge gefordert, denn nach ein paar Wiederholungen weiß er natürlich, wie er das Futter möglichst schnell bekommt.

Um die Kreativität und Lösungsorientierung deines Hundes immer wieder neu zu fördern, kannst du gekaufte Spielzeuge regelmäßig mit Freunden austauschen oder dir einfach selbst Futterverstecke ausdenken und basteln. Wer in sicherer Umgebung lernt, sich auszuprobieren und Probleme aktiv

Marker konditionieren

Damit dein Hund lernt, dass der Click oder das Click- bzw. Markerwort immer eine Belohnung vorhersagen, verwendest du am besten besonders gute, kleine Leckerchen. Zu Beginn schiebst du diese dem Hund fast gleichzeitig mit jedem Click ins Maul: erst markern, dann sofort danach füttern.
Es ist ratsam, bei geräuschempfindlichen Hunden den Clicker anfangs hinter dem Rücken oder in der Hosentasche zu halten. Dieses Prozedere wiederholst du so oft, bis dein Hund erwartungsvoll und freudig auf das Geräusch reagiert. Dann kannst du den Clicker hervorholen und in einem zweiten Schritt den zeitlichen Abstand zwischen Marker und Futter verlängern und variieren. Das Konditionieren solltest du an verschiedenen Orten wiederholen.
Das Clickwort lässt sich in vielen Situationen besser einsetzen, wenn der Hund das Clickerprinzip zuvor mit dem echten Clicker kennengelernt hat. Es ist aber auch eine Alternative für solche Hunde, die schon eine Geräuschangst mitbringen und sich vor dem Clicker fürchten. Das Konditionieren kannst du jederzeit wieder auffrischen, indem es zu Beginn jeder Übungseinheit ein paar Clicks plus Futter umsonst gibt.

Beim Free Shaping lernt der Hund, aktiv und kreativ zu sein. Das Kartonspiel ist ein guter Einstieg, wenn der Hund zuvor schon Erfahrungen mit dem Markersignal gesammelt hat.

anzugehen, entwickelt mehr Selbstbewusstsein für den Umgang mit anderen herausfordernden Situationen.

Free Shaping, also das freie Formen von Verhalten mit einem Markersignal, ist eine weitere wunderbare Möglichkeit, gezielt die Kreativität und Aktivität deines Hundes zu trainieren. Dabei ermutigst du deinen Hund durch kontinuierliche Rückmeldung mit Clicker oder Markerwort und Belohnung dazu, Verhalten auszuprobieren. In der Anfangszeit der positiven Trainingstechniken in Deutschland wurde Clickertraining praktisch mit Free Shaping gleichgesetzt. Tatsächlich gibt es jedoch viele andere Möglichkeiten, mit einem Markersignal zu arbeiten, und es ist hilfreich, dies auch zu tun. Je mehr du Clicker oder Clickwort in alle Übungen und Abläufe deines Alltags integrierst, desto sicherer bist du selbst im Umgang und Timing. Gleichzeitig ist die Click-Belohnungsverknüpfung bei deinem Hund stark, sodass er beim Shapen leichter aus sich herauskommen wird. Mehr zum Markertraining findet du ab Seite 69.

Praxistipp: Teste mit deinem Hund einen Klassiker des Kreativitätstrainings: das Kartonspiel. Dazu brauchst du einen Pappkarton, viele kleine Leckerchen und ein zuvor konditioniertes Markersignal. Zeig deinem Hund, dass gleich etwas Spannendes passieren wird, indem du vor seinen Augen die Leckerchen klein schneidest oder eine Portion Trockenfutter aus der Vorratsdose holst. Stell den Karton neben den Hund auf den Boden und clicke sofort den ersten Blick des Hundes zum Karton. Wirf das Belohnungsleckerchen in den Karton, sodass er einen guten Grund hat, sich diesen genauer anzuschauen. Vor allem, wenn dein Hund noch keine Shaping-Erfahrung hat und eher passiv ist, solltest du möglichst kleinschrittig vorgehen und erst einmal jede Interaktion deines Hundes mit dem Karton verstärken. Shaping funktioniert wie Topfschlagen auf dem Kindergeburtstag: Mit jedem Click plus Belohnung sagst du dem Hund „warm – wärmer – heiß" auf dem Weg zum richtigen Verhalten. Denk daran, dass dein Hund sozusagen die Augen verbunden hat und anfangs überhaupt nicht weiß, in welche Richtung er denken und sich bewegen soll. Je unsicherer er ist, desto öfter musst du das gleiche Verhalten (zum Beispiel „Karton mit der Nase berühren") belohnen, bevor du den nächsten Schritt erwarten kannst. Das können 5 oder auch 35 Clicks sein, bevor du das Markern hinauszögerst und abwartest, ob dein Hund nun mit mehr Nachdruck seine Nase einsetzt, dichter an den Karton herangeht, vielleicht seine Pfote benutzt oder etwas ganz anderes ausprobiert.

Wenn du beim Shapen ein konkretes Zielverhalten vor Augen hast, geht es darum, dem Hund buchstäblich den Weg zu diesem Verhalten zu verklickern. Möchtest du jedoch vor allem seine Kreativität und Lösungsorientierung fördern, ist es letztlich egal, welches Verhalten dabei herauskommt. Du kannst das Spiel also einfach dafür nutzen, deinen Hund fürs Ausprobieren zu bestätigen, egal ob er am Ende im Karton steht, diesen durch die Gegend schiebt oder anhebt. Der Weg ist das Ziel.

Markertraining - so geht's

- Zuerst Clicker/Clickwort konditionieren
- Geclickt wird genau in dem Moment, in dem der Hund ein erwünschtes Verhalten zeigt.
- Immer nur einmal markern und dann möglichst bald belohnen. Jeder Click ist ein Versprechen auf eine Belohnung von dir.
- Clicken und verbales Loben passen wunderbar zusammen. Freu dich mit deinem Hund über seine Erfolge!

Selbstregulation

Bereits im Zusammenhang mit Stresserregung haben wir das von uns sogenannte „blaue Fenster" für bewusstes Verhalten und Selbstkontrolle erwähnt. Ein großes blaues Fenster ist ein wichtiger Aspekt der Resilienz, denn es bedeutet, dass der Hund in der Lage ist, seine Emotionen und sein Verhalten zu regulieren. Selbstregulation meint genau das: die Fähigkeit, Impulse zu kontrollieren, im Hinblick auf ein gesetztes Ziel eine Belohnung aufschieben und Verhalten entsprechend anpassen zu können. Selbstregulation setzt voraus, sich selbst wahrzunehmen und sich seiner Bedürfnisse bewusst zu werden, um diese dann auf erwünschte Art zu erfüllen.

Möchtest du die Selbstregulation deines Hundes verbessern, ist es ein guter Ansatzpunkt, bei seiner Körperwahrnehmung anzufangen. Körperliche Kontrolle und emotionale Kontrolle gehen miteinander einher beziehungsweise das eine setzt das andere voraus. Viele unsichere Hunde haben ein eher schlechtes Körperbewusstsein und sind nicht in der Lage, ihre Beine bewusst einzeln zu steuern und ihre Pfoten auf einen bestimmten Punkt zu setzen. Das führt dazu, dass sie leichter unter Stress geraten, wenn sie in einer unbekannten Umgebung auch noch über glatte Böden oder eine Treppe laufen sollen.

Bei allen Körperübungen in Bewegung solltest du darauf achten, dass dein Hund sich bewusst langsam bewegt. Er soll lernen, sich Zeit zu nehmen und eine Situation erst zu erfassen, anstatt sie hektisch lösen zu wollen. Lass ihn beispielsweise im Wald über Baumstämme balancieren, über Äste klettern oder von Stein zu Stein steigen und clicke und belohne dabei nicht nur jeden einzelnen Schritt, sondern auch jedes Innehalten zwischen den Schritten. Je mehr er lernt, zur Ruhe zu finden, desto mehr wird er in kritischen Momenten auch auf erlernte Verhaltensstrategien zurückgreifen können.

Je leichter erregbar dein Hund ist, desto wichtiger ist es, jede Form des Sich-Zurücknehmens intensiv zu belohnen und verbal mit ruhigem Lob zu unterstützen. Klassische Impulskontroll-Übungen wie das Wartenlassen vor dem gefüllten Futternapf auf dein Freigabesignal haben sicherlich auch ihre Berechtigung. Worum es jedoch vorrangig gehen sollte, ist nicht die Kontrolle des Hundes durch dich, sondern das schrittweise wachsende Verständnis des Hundes, dass er selbst mit seiner Zurückhaltung eine Belohnung auslösen kann. Im Beispiel der Futternapf-Übung solltest du dem Hund also nicht „Sitz" sagen, um dann irgendwann aufzulösen, sondern du könntest abwarten, welche Strategien er selbst beim Anblick des Napfes in deiner Hand anzubieten hat. Kommt er auf die Idee, sich hinzusetzen, kannst du diese gute Entscheidung sofort clicken, den Napf abstellen und dein Auflösungswort sagen.

Selbstkontrolle in Bezug auf Futter ist eine gute Beispielsituation, die sich vielfältig üben lässt. Das It's-your-choice-Spiel (Du-hast-die-Wahl-Spiel) der kanadischen Trainerin Susan Garrett ist in unserer Grunderziehung dafür ein festes Element geworden. Dabei lernt der Hund, sich angesichts von in der offenen Hand präsentierten Leckerchen selbst zu kontrollieren, um erfolgreich zu sein. Am leichtesten geht dies im Sitzen, wenn man die Leckerchenhand auf den eigenen Oberschenkel legt, um der Versuchung zu widerstehen, die Hand wegzuziehen. Bei jedem Versuch des Hundes, die Leckerchen zu nehmen, schließt man sie schnell wortlos und öffnet sie sofort wieder, wenn er auf Abstand geht. Reißt er sich zusammen, wird mit der anderen Hand ein Leckerchen aus der weiterhin offenen Futterhand gegriffen und der Hund belohnt. Auch hier kommt es darauf an, dass du nicht durch ein Hörzeichen wie „Nein" das Verhalten des Hundes beeinflusst, sondern er selbst den Zusammenhang zwischen aktivem Zurücknehmen und dem Erreichen seines Ziels erkennt.

Für Fortgeschrittene kann man alternativ erst ein, später immer mehr Futterstückchen um den Hund herum auf dem Boden verteilen. Versucht er sie zu fressen, nimmt man das Futter entweder wortlos wieder weg oder schirmt es mit der Hand ab. Auch hier erscheint das Leckerchen sofort wieder, wenn der Vierbeiner sich beherrscht, und er wird mit der anderen Hand belohnt.

Letztlich erfordert jede Erziehung des Hundes, dass er in der Lage ist, sich im Hinblick auf seine eigenen Wünsche zu kontrollieren. Wenn du erwartest, dass er an lockerer Leine läuft, muss er sein eigenes Bewegungsbedürfnis zurückstellen; damit du ihn von flüchtendem Wild abrufen kannst, muss er Bewegungsreizen widerstehen und so weiter. Je öfter du all diese Situationen mit einer echten Bedürfnisbefriedigung in diesem Moment belohnst, desto wichtiger machst du es für ihn, sich um Selbstregulation zu bemühen.

Wie viel Mut ist gut?

Wenn du zukünftig gezielt an den einzelnen Resilienzbausteinen mit deinem Hund übst und die weiteren noch folgenden Tipps umsetzt, damit er mutiger wird, können Veränderungen eintreten, die du dir so nicht vorgestellt hast. Mut bedeutet einerseits ein Gefühl der Zuversicht, beinhaltet aber andererseits immer auch die Bereitschaft, mehr Risiken einzugehen. Ändert sich die Lebenssituation deines Hundes und fühlt er sich dadurch besser, wird er wahrscheinlich deutlich mehr aus sich herausgehen. Vielleicht entwickelt er plötzlich Verhaltensweisen, die langfristig schwierig werden können, auch wenn sie eigentlich ein gutes Zeichen sind.

Es könnte zum Beispiel passieren, dass dein Hund plötzlich anfängt, vermehrt zu kläffen. Manche unsicheren Hunde sind in ihrem gesamten Verhalten sehr „leise" und unauffällig und trauen sich kaum zu bellen. Wenn sie lernen, neue Strategien auszuprobieren, entdecken sie plötzlich ihre Stimme und stellen fest, wie viel Spaß Kläffen macht. Wie die meisten unerwünschten Verhaltensweisen ist auch Kläffen selbstbelohnend, das bedeutet, es gibt dem Hund ein gutes Gefühl. Er beginnt, das Kläffen gezielt zu nutzen, um sich in Situationen besser zu fühlen, in denen ihm etwas komisch vorkommt. Auch wenn er sich damit auf eine gewisse Art besser zu helfen weiß, als in Angst zu erstarren, ist diese Strategie natürlich kein sinnvolles Ziel.

Mit steigendem Selbstbewusstsein kann es auch passieren, dass dein Hund beginnt, sich auf dem Spaziergang weiter von dir zu entfernen. War er bisher eher der Typ, der dich kaum aus den Augen gelassen und immer deine Nähe gesucht hat, um sich sicher zu fühlen, erweitert er nun vielleicht seinen Entfernungsradius. Bist du darauf nicht vorbereitet, besteht die Gefahr, dass er plötzlich irgendwo Wild aufscheucht, hinterherrennt und dabei wiederum merkt, wie viel Spaß Hetzen macht. Es folgt das gleiche Problem wie beim Kläffen: Jagdverhalten ist hochgradig selbstbelohnend, und hat dein Hund erst einmal Geschmack daran gefunden, wird er nicht mehr auf zufällige Hasenbegegnungen warten, sondern aktiv danach suchen.

Foto © shutterstock.com / Sergey Bessudov

Vermehrtes Bellen kann ein gutes Zeichen der Persönlichkeitsentwicklung sein, sollte aber trotzdem schnell umgelenkt werden.

Wird dein Hund mutiger, hast du also nicht automatisch weniger Probleme mit ihm, sondern im schlechtesten Fall einfach andere. Trotzdem ist mehr Mut immer gut! Ist dein Hund auf den ersten Blick zwar „brav", aber auf den zweiten Blick eigentlich nur durch seine Unsicherheiten in seinem Verhalten gehemmt, musst du unbedingt aktiv werden. Beobachte das Verhalten deines Hundes genau und freue dich, wenn du Anzeichen für Veränderungen entdeckst. Versuche jedoch frühzeitig Einfluss auf seine Vorlieben und Problembewältigungsstrategien zu nehmen, indem du unerwünschtes Verhalten wie Kläffen freundlich unterbrichst (beispielsweise, indem du ein paar Leckerchen zum Schnüffeln ausstreust). Hilf ihm stattdessen, erwünschte Strategien und Hobbys zu entwickeln, bei denen er alle Befangenheit ablegen kann.

Foto © Madeleine Franck

4

ZUSAMMENHÄNGE VERSTEHEN, VERÄNDERUNGEN ANSTOSSEN

Im Hundetraining generell und speziell im Verhaltenstraining besteht immer die Gefahr, sich zu sehr auf eine Situation und das dann auftretende Verhalten zu fokussieren. Tatsächlich sind die sichtbaren Verhaltensweisen meistens nur Symptome von darunterliegenden Problemen, die auf einer anderen Ebene adressiert werden müssen. Es nutzt zum Beispiel nichts, einem Hund das Bellen zu verbieten (oder ihn gar dafür zu bestrafen), wenn er nur deshalb so viel bellt, um sein langweiliges Leben aufpeppen und aushalten zu können.

Damit du deinem Hund wirklich helfen kannst, musst du seine individuelle Lebenssituation, seine Alltagsstimmung und seine Bedürfnisse verstehen. Beim Blick unter die Oberfläche findet man oft verschiedene Stellschrauben, die den Hund ins Gleichgewicht bringen. Dies gilt für jedes Hundeverhalten, ganz besonders aber für unsichere, tendenziell ängstliche und gehemmte Hunde. Mutig zu sein und sich sicher zu fühlen, kann man schlicht nicht einzeln trainieren. Vielmehr geht es darum, das Leben und den Alltag deines Hundes auf verschiedenen Ebenen individuell zu optimieren und ihm ein glückliches, zufriedenes Dasein zu ermöglichen. Das sind die wichtigsten Schritte, um Veränderungen anzustoßen.

Das Wohlfühlbudget

Der Begriff „Wohlfühlbudget" bezieht sich auf die verschiedenen Voraussetzungen, die ein Lebewesen braucht, um den Herausforderungen seines Alltags gewachsen zu sein. Je wohler sich ein Mensch in seinem Leben fühlt, desto besser ist seine Grundstimmung und umso weniger werfen ihn Missgeschicke, Frustrationen und Stresserlebnisse aus der Bahn. Wenn du zum Beispiel beruflichen Stress hast, zu wenig schläfst, dich ungesund ernährst und es familiären Ärger gibt, kann eine umgekippte Kaffeetasse zum Nervenzusammenbruch führen. Passiert das gleiche Malheur in einem entspannten Urlaub an einem schönen Ort mit lieber Begleitung, ist es eher ein Anlass zum Schmunzeln. Ähnlich verhält es sich bei einem Hund. Wenn er sich in seinem Leben nicht wohlfühlt, weil wichtige Bedürfnisse nicht ausreichend befriedigt sind, werden Problemchen zu Problemen und Probleme zu fast unüberwindbaren Schwierigkeiten.

Im Wohlfühlbudget relevant sind zunächst die grundlegenden Bedürfnisse nach passender Ernährung und Wasser, stabiler Gesundheit und ausreichend Schlaf, die für alle Hunde gleichermaßen erfüllt sein müssen. Darüber hinaus kann man Hundebedürfnisse in verschiedene Kategorien einteilen, wie soziale Kontakte und Spiel, Bewegung, Jagen/Stöbern/Buddeln/Erkunden, Körperkontakt und Streicheln, Sicherheit und Rückzugsmöglichkeiten, Bellen, Kauen und so weiter. Jeder Hundetyp, jede Rasse, hat genetisch besonders verstärkte Bedürfnisse, die meist aus dem ursprünglichen Einsatzfeld dieser Hunde stammen. Außerdem entstehen individuelle Vorlieben und Gewohnheiten, die sich auf die Stärke einzelner Bedürfnisse im Wohlfühlbudget des Hundes auswirken. Sie ergeben sich aus Erfahrungen, besonders während der Welpenzeit und dem ersten Lebensjahr.

Tierschutz- und Secondhand-Hunde müssen nach dem Umzug in ein neues Zuhause (meist) komplett von vorn anfangen. Hatten sie in ihrem alten Leben unschöne Erfahrungen, die zu entsprechenden Verhaltensstrategien wie Weglaufen vor vermeintlicher Gefahr oder fortwährender Suche nach Fressbarem geführt haben, stehen ihnen diese Strategien oft im Weg. Bekommt der vormalige Straßenhund sein Futter nun zweimal täglich aus dem Napf serviert, wird er dennoch die Gelegenheit ergreifen und den Mülleimer plündern, wenn sich die Option bietet. Werden die hinter einem Verhalten stehenden Bedürfnisse (wie hier im Beispiel Sicherheit und genügend Futter) über längere Zeit kontinuierlich befriedigt, eröffnet das jedoch Raum für neue Strategien, beziehungsweise die Wichtigkeit einzelner Bedürfnisse im Wohlfühlbudget verschiebt sich. Für manche Bedürfnisse ist es dabei recht leicht, eine erwünschte (Ersatz-)Befriedigung zu schaffen. So könnte man einem solchen Hund zusätzlich zur bedarfsgerechten Ernährung regelmäßig ritualisierte Futtersuchspiele anbieten, bei denen er in Zeitungspapier eingepackte Leckerchen „auspacken" darf. Um dem Sicherheitsbedürfnis gerecht zu werden, braucht es dagegen den Aufbau einer neuen Stressbewältigungsstrategie (Schutz suchen beim Menschen), das Verhindern der alten Strategie (Weglaufen), viele positive Erfahrungen in allen Lebensbereichen und ein Gegenkonditionieren von Auslösereizen.

Nimm dir Zeit, um genau zu überlegen, welche Bedürfnisse im Wohlfühlbudet für deinen Hund wichtig sind und wie er sie befriedigt beziehungsweise wo Lücken zu füllen sind. Versetz dich in seine Lebenssituation, um einen besseren Zugang zu seinen Alltagswünschen zu finden. Nur so kannst du Stück für Stück sein Leben so gestalten, dass er sich rundum wohlfühlt und gleichzeitig weniger unsicher wird. Die wichtigsten Bereiche werden wir nachfolgend näher beleuchten, darüber hinaus ist es aber sinnvoll, eine individuelle Bilanz mit allem aufzustellen, was dein Hund gerne tut. Hat er ein sehr hohes Kaubedürfnis? Zähle nach, an wie vielen Tagen der Woche er einen Kauknochen oder Ähnliches bekommt, um dieses Bedürfnis zu befriedigen. Liebt er es zu schwimmen? Buddelt er gern? Braucht er am liebsten ständig Körperkontakt? Nicht alle Bedürfnisse müssen täglich erfüllt werden, damit der Hund emotional ausgeglichen ist. Wenn du deinem Hund bestimmte Highlights ermöglichst, füllst du damit sein Wohlfühlbudget auf, während Alltagsbelastungen und stressige Erlebnisse sozusagen vom Budget abgebucht werden. Manche unerfüllten Bedürfnisse lassen sich leicht kompensieren, andere bahnen sich einen Weg ins Verhalten des Hundes.

Schlaf

Einer der Grundpfeiler des Wohlfühlbudgets ist das Schlafbedürfnis deines Hundes. Erwachsene Hunde brauchen durchschnittlich 14 bis 16 Stunden Schlaf. Natürlich gibt es Hunde, die mit weniger zurechtkommen, auf der anderen Seite gibt es aber auch solche, die mehr brauchen. Besonders Hunde, die einer erhöhten Stressbelastung ausgesetzt sind, brauchen mehr Schlaf als Ausgleich. Dies gilt auch für unsichere oder ängstliche Hunde.

In der Regel schlafen Hunde nachts etwa so lange wie ihre Menschen. Es gilt daher vor allem, den Tagschlaf von Hunden einzuschätzen und zu verbessern. Wenn dein Hund nachts länger schläft als der Rest der Familie, kann dies ein Zeichen für unzureichenden Tagschlaf sein. Dabei geht es nicht nur um die Schlafdauer, sondern auch um die Qualität des Schlafes. Wenn ein Hund einen großen Teil des Tages mit Liegen verbringt, heißt dies noch nicht, dass er dabei auch die wichtigen Tiefschlaf- und REM-Phasen erlebt. Eine Hilfe bei der Einschätzung der

Foto © shutterstock.com/Javier Ocampo Bernasconi

Schläft dein Hund meist eng eingerollt, solltest du überprüfen, ob ihm mehr Wärme oder eine entspanntere Umgebung guttut.

Schlafqualität bietet die Haltung des Hundes: Je aufrechter er liegt, desto oberflächlicher der Schlaf. Liegt ein Hund in einer Sphinx-Haltung mit erhobenem Kopf, zählt das nicht mal als entspanntes Ausruhen. Liegt er in einer ähnlichen Position mit abgelegtem Kopf auf den Pfoten, ruht er immerhin. Auch wenn dabei die Augen geschlossen sind, schläft er nur oberflächlich. Sind seine Hinterbeine seitlich abgelegt, kann man von einem leichten Schlaf ausgehen. Liegt der Hund komplett auf der Seite mit dem Kopf auf dem Boden, schläft er tief. Meist träumen Hunde nur in dieser Position. Beobachtest du Körperzuckungen, angedeutete Laufbewegungen mit den Pfoten und leises Bellen und Fiepen, deutet das auf REM-Schlafphasen hin. Liegt der Hund in gleicher Position ohne jede Körperspannung, erlebt er wahrscheinlich gerade eine Tiefschlafphase.

Die meisten Hunde genießen es, mit Körperkontakt zu ihren Lieblingsmenschen zu schlafen.

Manche Hunde lieben es, sich zum Schlafen einzurollen, besonders wenn sie dabei in einer Bettdecke oder einem Kuschelbett einsinken können. Ursprünglich war diese Schlafposition für kalte Bedingungen in einer Erd- oder Schneemulde gedacht. Sie kann jedoch auch darauf hindeuten, dass der Hund sich in einer für ihn stressigen Umgebung abschirmen möchte. Manchmal beginnen Hunde ihren Schlaf in dieser Position und strecken sich mit fortschreitender Schlafzeit und tieferem Schlaf immer weiter aus.

Im REM-Schlaf, benannt nach den charakteristischen Augenbewegungen (Rapid Eye Movement), treten intensive Traumphasen auf, die dem Hund helfen, Eindrücke und Emotionen des wachen Erlebens zu verarbeiten. Der Tiefschlaf dagegen zeichnet sich durch tiefe Entspannung von Körper und Gehirn aus, was für die allgemeine Regeneration hilfreich ist. Daher ist es für Hunde gesundheitlich und psychisch zuträglich, wenn sie auch am Tag längere Schlafphasen haben. Manche von ihnen sind gut in der Lage, ihren Schlafrhythmus selbst zu regulieren, aber gerade unsichere und unausgeglichene Hunde brauchen hier oft Unterstützung. Dazu kannst du deinen Hund regelmäßig „ins Bett bringen". Zwei- bis dreimal am Tag führst du ihn an einen ruhigen, nicht zu hellen Ort, an dem er sich wohlfühlt, beispielsweise in das Schlafzimmer. Probiere aus, was ihm dabei hilft, sich zu entspannen. Vielleicht ein Kauprodukt, das er in seinem

Bett vorfindet, oder ein kurzes, ruhiges Streicheln. Manche Hunde schlafen besser ein, wenn man den Raum verdunkelt, und viele lassen sich durch leises Rauschen aus dem Handy oder einem RelaxoPet beruhigen. Hilft man Hunden mit gezielten Maßnahmen, ein regelmäßiges Schlafverhalten zu etablieren, finden sie später ganz von selbst zu einem natürlichen, selbstregulierten Schlaf-Wach-Rhythmus.

Bei Hunden, die täglich mehrere Stunden allein gelassen werden, empfiehlt es sich, Videoaufnahmen zu machen. Nur so kannst du einschätzen, ob dein Hund während deiner Abwesenheit wirklich schläft und wie tief. Schläft er nicht, ist es nötig, andere Bedingungen zu schaffen.

Schlafbereitschaft und Schlafqualität hängen auch davon ab, ob der Hund hinreichend körperlich ausgelastet ist. Ein weiterer Einfluss auf die Schlafdauer und die -qualität eines Hundes hat der tägliche Ablauf im Haushalt. Viele Hunde fühlen sich besser, wenn sie sich in der Nähe ihrer Bezugspersonen aufhalten. Dies gilt besonders für eher unsichere Hunde, aber auch für solche, die nichts verpassen möchten. An sich ist das kein Problem und bedeutet nicht, dass diese Hunde ihre Menschen „kontrollieren wollen". Sie möchten einfach möglichst immer dabei sein. Wenn aber stets ein oder mehrere Familienmitglieder zu Hause aktiv sind und der Hund dieses Verhalten über größere Teile des Tages zeigt, kann es auf Kosten des gesunden Schlafs gehen. Neben dem oben beschriebenen „Ins-Bett-Bringen" können hier schon geschlossene Türen oder Türgitter helfen, dem Hund Gelegenheiten zum Schlafen zu geben. Auch längere, positiv aufgebaute Bleibübungen im Lieblingskörbchen können förderlich sein.

Es spricht übrigens grundsätzlich nichts dagegen, dass Hunde mit Menschen das Bett teilen, solange dabei alle gut schlafen können. Untersuchungen zum gemeinsamen Schlaf von Menschen und ihren Hunden haben gezeigt, dass die Menschen dabei öfter wach werden, weil ein Hund sich nachts viel bewegt. Dies hatte bei den Probanden aber keinen negativen Einfluss auf den Erholungseffekt des Schlafens.

Wie bei vielen anderen Aspekten des Wohlfühlbudgets, kommt es auch beim Schlaf nicht darauf an, dass alle Bedürfnisse an jedem einzelnen Tag immer voll befriedigt werden. Hunde können ausnahmsweise auch mal ein Wochenende mit weniger Schlafzeit auskommen, solange sie normalerweise genug davon bekommen. Wenn Schlafmangel aber über zwei Tage hinausgeht, können bereits Probleme auftreten.

Bewegung

Wie schon beschrieben, ist viel Bewegung gut für den gesunden Schlaf eines Hundes, ebenso ist sie unabdingbar für seine Gesundheit. Gesundheit bezieht sich dabei nicht nur auf den Körper, sondern auch auf die psychische Verfassung, das Lebensgefühl. Besonders die stressabbauende Wirkung von Bewegung ist für unsichere Hunde ausgesprochen wertvoll. Zusätzlich zu normalen, täglichen Spaziergängen ist hier vor allem gleichmäßiges, ausdauerndes Laufen über längere Strecken angesagt. Unsere eigenen Hunde geraten schon in Begeisterung, wenn einer von uns einen Helm aufsetzt. Sie lieben es sehr, wenn wir sie am Rad oder am Pferd mitlaufen lassen. Ihre strahlenden Augen sprechen für sich und die anschließende Zufriedenheit ist offensichtlich. Wir versuchen ihnen das zwei- bis dreimal pro Woche zu bieten, um ihr Wohlfühlbudget aufzufüllen und sie körperlich fit zu halten. Meist sind die Strecken zwischen 5

Ein Longierkreis bietet viele Möglichkeiten, das Bewegungsbedürfnis des Hundes auch im eigenen Garten zu befriedigen.

und 10 Kilometer lang und bestehen überwiegend aus Freilauf auf weichem Untergrund.

Wenn du mit deinem Hund einen Ausdauersport wie das Mitlaufen am Rad aufbauen möchtest, beginne mit kurzen Strecken jeden zweiten oder dritten Tag. Nach jedem Trainingsreiz braucht der Körper genügend Zeit zur Regeneration und Anpassung, wie dem Aufbau von Muskulatur. Laufen macht glücklich, und das ist umso wichtiger für Hunde, die ansonsten häufig psychischen Belastungen ausgesetzt sind. Wichtig ist es, eine klare Grenze zwischen Auslastung und Überlastung zu ziehen: Den Hund körperlich zu überanstrengen würde noch mehr Stress verursachen und damit gesundheitliche Probleme begünstigen. Selbstverständlich muss dabei auch das Wetter berücksichtigt und im Sommer auf die frühen Morgen- oder späten Abendstunden ausgewichen werden, denn die Temperatur sollte beim Radfahren nicht über 18 Grad liegen.

Übrigens: Viele Hunde, die unsicher auf Umgebungsreize reagieren, scheinen ihre Ängste zu „vergessen", wenn sie am Rad laufen. So lassen sich stückweise neue Wege erschließen und der Wohlfühlradius deines Hundes lässt sich ausweiten.

Regelmäßige lange Spaziergänge, hin und wieder über Stock und Stein und auf und ab, bieten deinem Hund körperliche Reize, die auch seinem Körpergefühl guttun. Gleichzeitig gibt es viel zu entdecken und Neues zu erschnüffeln, wofür du ihm die Zeit geben solltest. Da dies alles im Freilauf viel schöner ist, finden wir es sehr wichtig, dass du intensiv am zuverlässigen Abruf trainierst. Freiheit an der langen Leine ist aber in jedem Fall besser als keine.

Dem Aspekt Bewegung kommt auch dann eine wichtige Bedeutung zu, wenn du entscheidest, für eine gewisse Zeit auf Spaziergänge zu verzichten, um Stressreize im Leben deines Hundes zu minimieren. In diesem Fall musst du für Bewegungsausgleich im eigenen Garten oder an einem Ort sorgen, wo sich dein Hund sicher fühlt. Hast du keinen eigenen Garten, gibt es vielleicht in einem Hundesportverein oder einer Hundeschule in der Nähe die Möglichkeit, stundenweise einen eingezäunten Platz allein für deinen Hund zu mieten.

Berücksichtige bei der Einschätzung des Bewegungsbedürfnisses deines Hundes unbedingt seine rassetypischen Eigenschaften und mögliche körperliche Einschränkungen.

Erkunden

Neues Gelände und unbekannte Gegenstände zu erkunden, ist eines der Grundbedürfnisse der meisten Lebewesen. So lernen sie ihre Umwelt kennen, finden Nahrung, Unterschlupf, potenzielle Partner und machen die Erfahrung, welche Situationen etwas Gutes für sie beinhalten und welche sie besser vermeiden sollten. Erkundungsverhalten zu erzeugen ist die Hauptaufgabe des Seeking-Systems und daher in hohem Maße selbstbelohnend für Hunde.

Beim Erkunden ist das Seeking-System des Hundes aktiv und er fühlt sich automatisch gut.

Zeigt dein Hund Erkundungsverhalten, wird er sich dabei langsam bewegen und all seine Sinne nutzen. Er wird mal am Boden schnüffeln, mal in der Luft wittern, wird seinen Kopf und seine Ohren in verschiedene Richtungen drehen und lauschen. Trifft er auf ein für ihn spannendes Objekt, kannst du vielleicht beobachten, wie sich Neugier, Annäherung, Zurückweichen und erneutes Annähern abwechseln.

Das Gegenteil von Erkundungsverhalten ist Vermeidung, und genau deshalb ist es so wichtig, deinem ängstlichen Hund immer wieder die Gelegenheit zu geben, etwas Neues zu erkunden. Meideverhalten verhindert die Erfahrung, eine Situation bewältigen zu können, und sorgt so dafür, dass sich Ängste festsetzen und ausweiten. Fällt dir auf, dass dein Hund kaum auf Erkundungstour geht und beim Spaziergang nur an dir klebt, versuche ihn gezielt zum Erkunden anzuregen.

Ausgiebige Erkundungen sollten regelmäßig im Wohlfühlbudget deines Hundes enthalten sein, ohne dass du dafür großen Aufwand betreiben musst. Besuche zum Beispiel Freunde in deren Garten, wo dein Hund nach Herzenslust herumschnüffeln und sich alles anschauen kann. Ist er in neuen Situationen unsicher, ist die wichtigste Maßnahme, ihm überhaupt genügend Zeit zum Erkunden zu geben. Dabei hilft ihm die Bindung zu dir und die Möglichkeit, sich jederzeit bei dir rückzuversichern und Schutz zu bekommen. Findet er ein unbekanntes Objekt gruselig, kannst du stellvertretend für ihn den ersten Schritt

Für einen unsicheren Hund können Sozialkontakte sowohl eine Bereicherung wie auch eine Belastung des Wohlfühlbudgets darstellen.

machen und es erkunden. Fasse den Gegenstand an, bewege ihn ein wenig, umrunde ihn und rede dabei beruhigend mit deinem Hund. Setz dich dann daneben und lass deinem Hund den Vortritt.

Je nach Intensität der Ängstlichkeit deines Hundes kannst du Orte für Erkundungstouren mit unterschiedlichem Schwierigkeitsgrad auswählen. Vielleicht ist es schon ausreichend spannend für ihn, wenn du dich beim Spaziergang im Wald oder auf einer Wiese hinsetzt und ihn die Natur um sich herum auskundschaften lässt. Vielleicht traut er sich auch, mit dir im Bau- oder Gartenmarkt herumzustöbern? Wenn er es schafft, in einer solchen Umgebung aus sich heraus und auf Entdeckungstour zu gehen, ist das ein toller Erfolg. Weitere Tipps zum vorbereitenden Training für neue Situationen findest du im Kapitel „Mutig durch den Alltag“.

Sozialkontakte

In vielen Hundebüchern kann man nachlesen, wie sehr Hunde auf soziale Kontakte angewiesen seien. Das ist bei einer so sozial ausgerichteten Art zwar generell richtig, kann im Einzelfall aber leicht zu Fehleinschätzungen führen. Die Bedürfnisse deines Hundes nach Kontakten, sowohl mit anderen Hunden wie auch mit Menschen, sind individuell und lassen sich nicht durch pauschale Aussagen bestimmen. Im Sinne des Wohlfühlbudgets können Sozialkontakte zur Bereicherung, aber auch zur Belastung werden. Manche Hunde freuen sich über jeden Hund und es ist für sie eher eine emotionale Belastung, nicht Hallo sagen zu dürfen. Andere freuen sich über nette Menschen und Hundefreunde, die sie kennen, möchten aber keine Fremdkontakte. Wieder andere wollen generell lieber ihre Ruhe, sodass die Anwesenheit von Artgenossen oder von Menschen, die nicht zu ihrer Kernfamilie gehören, ihnen dauerhaft Stress bereitet.

In vielen Alltagssituationen kann ein Hund nicht frei entscheiden, ob sein Bedürfnis nach mehr oder weniger Sozialkontakt befriedigt wird. Er ist auf deine Hilfe angewiesen, um nicht überfordert oder frustriert zu werden. Es ist schön und erstrebenswert, deinem Hund Freundschaften zu ermöglichen, und vielleicht scheint er nur auf den ersten Blick mit niemandem etwas zu tun haben zu wollen. Manchmal braucht es nur Zeit und Übung, wenn er durch ungünstige Vorerfahrungen wenig kompetent darin ist, mit Kontakt umzugehen. Vielleicht ist dein Hund jedoch auch ein echter Einzelgänger und du erwartest nur, er müsse doch ein Bedürfnis nach Sozialkontakten haben. Versuche einzuschätzen, was für deinen Hund richtig ist, ohne dich von pauschalen Empfehlungen leiten zu lassen. Eine Schieflage in diesem Bereich kann sich negativ auf das Wohlfühlbudget deines Hundes auswirken und dein Vorhaben ausbremsen, aus ihm einen mutigeren Hund zu machen.

Spiel

Ein wichtiger Aspekt der sozialen Bedürfnisse eines Hundes betrifft das gemeinsame Spiel. Spiel lässt Bindungen entstehen und verstärkt sie. Das gilt nicht nur für Hunde untereinander, sondern auch für Mensch und Hund, weshalb wir das gemeinsame Spielen zwischen Zwei- und Vierbeinern und insbesondere wilde Zerrspiele so wichtig finden. Natürlich werden durch diese Art des Spielens weitere wichtige Bedürfnisse befriedigt: Bewegung, Toben, Erregungszustände genießen und das spielerische Ausleben von Teilen des Jagdverhaltens. Spielen bietet eine gute Möglichkeit, überschüssige Energie abzubauen, anstatt sie in unerwünschtem Verhalten auszuleben.

Entscheidend ist, wie der Hund sich beim Spielen fühlt. Damit Spiel eine Bereicherung für sein Wohlfühlbudget ist, muss er Spaß statt Stress erleben. Vor allem das Spiel unter Hunden solltest du unter diesem Aspekt immer kritisch im Blick behalten. Wenn eine vermeintliche Spielsituation nur darin besteht, dass einer der Spielpartner flüchtet, untergebuttert wird oder sich wehren muss, hat das nichts mit echtem Spiel zu tun.

Rassetypische Bedürfnisse

Der Kabarettist und Mediziner Eckart von Hirschhausen sprach einmal davon, wie unbeholfen und linkisch sich Pinguine an Land bewegen. Wer sie nur an Land sieht, könnte denken, dass sie eine niedliche Fehlkonstruktion der Natur seien. Beobachtet man Pinguine aber unter Wasser, bewundert man elegante, schnelle und geschickte Schwimmer, die hervorragende Jäger sind. Die Begegnung mit den Pinguinen in einem Zoo habe ihm verdeutlicht, wie wichtig es ist, in seinem Element zu sein, sagte von Hirschhausen. Nur wenn das Umfeld stimmt, können die eigenen Stärken zum Tragen kommen - eine wichtige Voraussetzung, um zufrieden und glücklich zu leben.

Foto © shutterstock.com/bestjeroe

Buddeln zu dürfen, ist ein absolut rassetypisches Bedürfnis für einen Dackel. Es ist jedoch auch für viele andere Hunde ein Highlight im Wohlfühlbudget.

Das Gleiche gilt für deinen Hund, und hier liegt deine Aufgabe: Schaffe das Umfeld für die Stärken und Leidenschaften deines Hundes, in denen er aufgehen kann und bei denen er seine Fähigkeiten entfalten darf. Ein guter Ausgangspunkt dafür ist der Blick auf die rassetypischen Bedürfnisse und die ursprünglichen Aktivitäten, für die dein Hund gezüchtet wurde.

Zu sagen, Hütehunde wollen hüten, Jagdhunde wollen jagen und Schutzhunde wollen schützen, wäre eine zu grobe Vereinfachung. In jeder dieser (und anderer) Kategorien haben die einzelnen Rassen oft konkrete Aufgaben, die sich deutlich unterscheiden. Um Hunde zufrieden zu machen, muss man sie jedoch nicht zwingend in ihrem Spezialbereich ausbilden (auch wenn das sicherlich eine ideale Option ist, um ihren Neigungen gerecht zu werden). Wichtig ist vor allem das Wissen um die genetischen Anlagen eines bestimmten Hundes, damit man ihm regelmäßig Beschäftigungen und Spiele bieten kann, die seinem ursprünglichen Aufgabenfeld nahekommen.

Viele Terrier lieben es zum Beispiel, buddeln zu dürfen, mit Quietschspielzeugen zu spielen und heftige Zerrspiele mit viel Knurren und Getöse zu machen. Für die meisten Hetz- und Laufhunde ist es vor allem wichtig, sich in ihrer typischen Gangart zu bewegen, sodass sie oft Spaß am Canicross und Bikejöring haben. Viele Schoß- und Begleithunde möchten am liebsten ständig mit Körperkontakt zu ihren Menschen liegen und sie überallhin begleiten. Solche rassetypischen Bedürfnisse müssen befriedigt werden, damit das Wohlfühlbudget eines Hundes im Lot ist. Ob man einen Stöber- und Apportierhund nach Dummys oder echten Enten suchen lässt, wird ihm wahrscheinlich egal sein.

Bei Mischlingen gibt es im genetischen Hintergrund immer Rassehunde, die man oft anhand von Aussehen und Verhalten erahnen kann. Welche (Ersatz-)Beschäftigung deinen Hund glücklich machen kann, wirst du ihm sicher anmerken. Über allem steht aber, was dein individueller Hund mag und wobei er genauso in seinem Element ist wie ein Pinguin im Wasser.

Individuelle Vorlieben und Gewohnheiten

Wie schon erwähnt, entstehen individuelle Vorlieben und damit Bedürfnisse eines Hundes überwiegend im ersten Lebensjahr. Prägend dafür sind Erlebnisse, die für den Hund einen Lustgewinn bedeuten. Als Mensch kann und sollte man Einfluss darauf nehmen. Indem du unerwünschte Verhaltensweisen verhinderst und erwünschte förderst, entsteht beim Hund ein Bedarf, den du kennst und befriedigen kannst. Übernimmt man einen schon erwachsenen Hund, kann man oft nur aus seinem gezeigten Verhalten auf seine Bedürfnisse schließen.

Bedenke, dass durch Gewohnheiten entstandene Bedürfnisse das Wohlfühlbudget in Schieflage bringen können, wenn sich die Lebensumstände ändern. Das kann bei einem Umzug, durch einen Umbau oder im Urlaub passieren. Durfte dein Hund im ersten Lebensjahr beliebig im Garten herumbuddeln, fehlt ihm etwas, wenn der Garten neu angelegt und Buddeln plötzlich verboten wurde. Wenn du deinem Hund in Zeiten des Singlelebens das Schlafen in deinem Bett erlaubt hast, kann es zu Problemen führen, wenn er es aufgrund einer neuen Beziehung nicht mehr darf.

Besonders bei einem unsicheren Hund schaffen Gewohnheiten und Rituale ein Gefühl der Sicherheit und können daher sehr wichtig sein.

Krankheiten und Schmerzen

Krankheiten und Schmerzen haben einen vielfältigen Einfluss auf die Emotionen und das Verhalten eines Hundes. Bei Unsicherheit und Ängsten muss immer zuerst eine Schmerzproblematik ausgeschlossen und nach einer möglichen krankheitsbedingten Ursache geforscht werden. Die Liste von Krankheiten, welche die Entwicklung von Ängsten begünstigen, ist lang und der Zusammenhang manchmal auf den ersten Blick nicht ersichtlich. Allergien, Magen-Darm-Probleme, Ohrenentzündungen, Wurm- oder Giardienbefall, Augenprobleme, Schilddrüsenfehlfunktionen und andere hormonelle Störungen, Zahnschmerzen und versteckte Entzündungsherde, ständige Atemnot – sie alle und viele andere Probleme können unbemerkt die Ursache für die Ängstlichkeit deines Hundes sein. Eine Ursache, gegen die du nicht antrainieren kannst.

All diese Krankheiten werden in der Regel durch verschiedene Symptome sichtbar und dementsprechend mehr oder weniger schnell dem Tierarzt vorgestellt. Bis das Gesundheitsproblem behoben ist, mindert es das Wohlbefinden des Hundes und reduziert damit seine Fähigkeit, weitere Belastungen aushalten zu können. Was jedoch häufig übersehen wird, sind orthopädische Probleme, die mit Schmerzen im Bewegungs- und Stützapparat einhergehen, also Wirbelsäule, Gelenke, Bandscheiben, Bänder und Muskulatur betreffen. Es ist geradezu erschreckend, wie viele Hunde ein verändertes Gangbild sowie deutliche Kompensations- und Schonhaltungen zeigen, ohne dass ihre Menschen dies bemerken. Ein Grund wird wohl sein, dass solche Veränderungen meist schleichend entstehen oder nur vorübergehend auftreten und deshalb nicht ernst genommen werden.

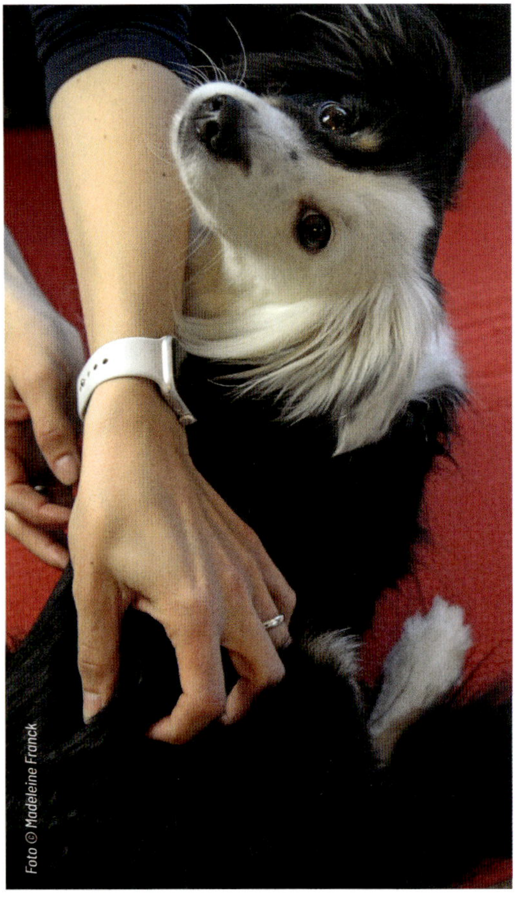

Regelmäßige physiotherapeutische Behandlungen können bei Problemen des Bewegungsapparats den entscheidenden Unterschied für die Verhaltensentwicklung machen.

Hunde mit Schmerzproblematik leiden unter einem permanenten Stressor im eigenen Körper. Das verursacht einerseits eine erhöhte generelle Angstneigung und kann andererseits spezifische Ängste begünstigen. Treten Schmerzen schubweise oder nur bei bestimmten Bewegungen auf, kann es leicht zu Fehlverknüpfungen kommen. Ein Hund mit Ohrenentzündung entwickelt vielleicht eine Angst davor, das Geschirr über den Kopf gezogen zu bekommen, ein Hund mit Rückenschmerzen hat Angst vor Begegnungen mit Artgenossen, die ihn anrempeln könnten. Oft haben solche Hunde auch keine Lust, sich zu bewegen, möchten nicht spielen, schlafen schlecht und haben Angst vor schmerzhaften Berührungen. Wichtige Aspekte des Wohlfühlbudgets fallen dadurch weg, was das Wohlfühlbudget weiter ins Minus bringt.

Umgekehrt wirken sich Ängste, wie bereits im Zusammenhang mit Stress beschrieben, durch einen dauerhaft erhöhten Cortisolspiegel negativ auf die Gesundheit des Hundes aus. Hinzu kommt, dass ängstliche Hunde meist mit einem hohen Muskeltonus herumlaufen, der ihre innere Anspannung körperlich widerspiegelt. So entstehende Verspannungen verursachen wiederum Schmerzen und die Abwärtsspirale wird befeuert.

Wir empfehlen dir dringend, deinen ängstlichen Hund nicht nur tierärztlich untersuchen zu lassen, sondern ihn auch bei einer guten Hundeosteopath*in vorzustellen und regelmäßig physiotherapeutisch behandeln zu lassen.

Schmerzen erkennen

Jaulen, Fiepen, Humpeln – diese Schmerzanzeichen sind zwar eindeutig, aber selten, denn meist leiden Hunde leise und unauffällig. Wenn Schmerzen plötzlich auftreten, kannst du dies eher am ebenso plötzlich veränderten Verhalten erkennen. Der Hund läuft, sitzt oder liegt anders als zuvor. Er macht nicht mehr das, was er immer getan hat. Vielleicht mag er keine Treppen mehr gehen, nicht mehr ins Auto einsteigen, nicht gerne fressen, er lässt sich nicht mehr an bestimmten Stellen anfassen oder knurrt plötzlich beim Bürsten. Vielleicht wird er insgesamt reaktiver, regt sich mehr auf und nutzt das in Erregungssituationen ausgeschüttete Adrenalin, um seine Schmerzen zu überdecken.

Vor allem bei chronischen Schmerzen sind die Anzeichen noch subtiler, weshalb du schon kleinen Veränderungen im Verhalten auf den Grund gehen solltest: Gesteigertes Ruhebedürfnis, verändertes Fressverhalten, weniger Interaktion mit Menschen oder Hundekumpeln, Reizbarkeit, Berührungsempfindlichkeit, vermehrtes Belecken/Knabbern, häufiges oder andauerndes Hecheln, Speicheln oder Schmatzen, Vermeiden von bestimmten Bewegungen, Änderung der Schlafstellung und verringerte Aktivität sollten hinterfragt werden. Beobachte Bewegungsabläufe, Körperhaltung und Mimik deines Hundes genau: Siehst du Zittern, steife, angespannte Bewegungen, Passgang, eine eher hochgezogene Rückenlinie, einen angestrengten Gesichtsausdruck, Vertiefungen unter den Augen oder häufiges Gähnen, leidet dein Hund sehr wahrscheinlich unter Schmerzen.

Fütterung

Die Ernährung deines Hundes hat auf verschiedenen Ebenen Einfluss auf sein Wohlbefinden und sein Verhalten. Auch beim Futter gilt es jedoch, Abstand von pauschalen Empfehlungen zu nehmen. Wähle die Fütterungsmethode, mit der es deinem Hund gut geht und er umfassend versorgt ist. Das kann sowohl ein hochwertiges Fertigfutter als auch ein ausgewogenes, selbst zubereitetes Futter sein, das gekocht oder roh gegeben wird.

Bei Unverträglichkeiten oder Allergien auf bestimmte Proteinquellen oder andere Inhaltsstoffe kann es zu Haut- und Verdauungsproblemen kommen, die Juckreiz und Bauchschmerzen verursachen können. Beides verstärkt Unsicherheiten und sollte unbedingt abgeklärt und behoben werden.

Eine Rolle spielen außerdem Zeitpunkt und Häufigkeit der Fütterung. Den gefüllten Napf vorgesetzt zu bekommen, ist für viele Hunde ein Highlight, das die Stimmung hebt. Die Gesamtfuttermenge auf mehrere kleine Mahlzeiten aufzuteilen, kann sich somit positiv auswirken. Viele Menschen füttern ihre Hunde aus Angst vor einer Magendrehung erst nach dem Spaziergang, manche sogar erst am Abend. Das bedeutet, dass der Hund mit leerem Magen, möglicherweise sogar unterzuckert, all den Reizen ausgesetzt wird, die ihn verunsichern. Bei Stress steigt der Bedarf an Kohlenhydraten, die der Körper schnell in Energie umwandeln kann, und jede Situation, die deinem Hund Selbstkontrolle abverlangt, erfordert die Verfügbarkeit von Glukose. Wir empfehlen daher, lieber vor Spaziergängen und Ausflügen zu füttern. Wenn du unterwegs viele Futterbelohnungen einsetzt, gib deinem Hund vorab entsprechend weniger in den Napf.

Bei einem generell ängstlichen Hund sollte man auch die Inhaltsstoffe des Futters genau unter die Lupe nehmen. So kann ein hoher Proteinanteil die Erregungsbereitschaft erhöhen und damit eine verstärkte Reaktivität bewirken. Heutzutage wirbt beinahe jeder Hersteller mit getreidefreiem Futter, obwohl erwiesen ist, dass Hunde Getreide problemlos verwerten können. Einzig von Mais als Kohlenhydratquelle ist im Zusammenhang mit Angstproblematiken abzuraten, da Mais im Verhältnis mehr Tyrosin als Tryptophan enthält und die Verwertung von Letzterem verschlechtern kann. Das Zusammenspiel einzelner Nährstoffe ist jedoch so komplex, dass oft nur ein Ausprobieren verschiedener Futter bleibt, um im individuellen Fall etwas zu bewirken.

Steht dein Hund unter starkem Stress, hat er sehr wahrscheinlich einen erhöhten Bedarf

Verschiedene Nahrungsergänzungsmittel können den Hund auf dem Weg zu mehr Gelassenheit und Zufriedenheit unterstützen.

an einzelnen Mikronährstoffen. Vielleicht hast du schon einmal die Empfehlung bekommen, einen möglichen Nährstoffmangel mithilfe eines Blutbilds testen zu lassen. Leider ist das in den meisten Fällen wenig hilfreich, da die angegebenen Referenzwerte hinsichtlich eines erhöhten Bedarfs wenig Aussagekraft haben und außerdem längst nicht jeder Mangel im Blutbild sichtbar wird.

Für Magnesium ist beispielsweise bekannt, dass sich unter Stress die Konzentration im Serum verändert und mehr Magnesium über den Urin ausgeschieden wird. Dies konnte sowohl in Tierstudien als auch beim Menschen gezeigt werden, wo die Erhöhung an ausgeschiedenem Magnesium mit einem gesteigerten Angstgefühl einherging. Da jedoch etwa 99 Prozent des im Körper vorhandenen Magnesiums in den Knochen und in der Muskulatur gespeichert ist, macht sich erst ein drastischer Mangel in den Blutwerten bemerkbar. Ergibt das Blutbild deines Hundes (noch) keinen Magnesiummangel, kann eine gezielte Zufütterung also trotzdem sinnvoll sein.

Neben Magnesium spielen vor allem B-Vitamine und Omega-3-Fettsäuren eine Rolle im Zusammenhang mit Ängsten. Ein Mangel an einzelnen Nährstoffen kann durch ein Defizit des jeweiligen Stoffs im Futter oder durch einen höheren Bedarf – in unbekannter Höhe – entstehen. In manchen Fällen gibt es dafür eine gesundheitliche Ursache, wie eine Darm- oder Bauchspeicheldrüsenentzündung, eine Nieren- oder eine Schilddrüsenerkrankung. Umso wichtiger ist es, bei Ängsten, wie bereits erwähnt, auch nach Gesundheitsproblemen zu forschen. Vor allem die Wechselwirkung zwischen Darmgesundheit und psychischem Wohlbefinden scheint komplex zu sein. In der Medizin spricht man von der „Microbiom-Darm-Gehirn-Achse", womit gemeint ist, dass sich die psychische Verfassung auf die Zusammensetzung des Microbioms im Darm auswirkt. Eine ungünstige mikrobielle Besiedlung des Darms kann umgekehrt einen negativen Einfluss auf das psychische Wohlbefinden haben. Daraus ergibt sich ein großes neues Forschungsgebiet mit noch vielen Fragezeichen, aber spannenden Aussichten für die Zukunft.

Nahrungsergänzungsmittel

Verschiedene Nahrungsergänzungsmittel können unsichere Hunde auf dem Weg zu mehr Gelassenheit und Optimismus unterstützen. Die nachfolgend beschriebenen Wirkstoffe sind als frei verkäufliche Präparate verfügbar und unserer Erfahrung nach oft eine sehr gute Hilfe. Ob ein Präparat deinem Hund hilft, zeigt sich erst, wenn er es eine Zeit lang bekommt. Manchmal wird ein Effekt bereits nach wenigen Tagen sichtbar, generell aber solltest du dich auf einen Versuchszeitraum von vier bis sechs Wochen einstellen, um die Wirkung beurteilen zu können. Hilfreich ist, sich nicht nur auf die eigene Einschätzung zu verlassen, sondern auch andere Menschen zu fragen, die deinen Hund regelmäßig sehen und gut kennen.

Generell wird empfohlen, keines der Mittel plötzlich abzusetzen, sondern es immerschrittweise auszuschleichen. Bist du dir bei der Fütterung eines Nahrungsergänzungsmittels unsicher, macht es Sinn, eine*n Tierärzt*in für Verhaltenstherapie zurate zu ziehen.

Alpha-Casozepin: Dieses Peptid besteht aus verschiedenen Aminosäuren, wird aus Kuhmilch gewonnen und hat eine ähnlich beruhigende und angstlösende Wirkung wie Benzodiazepin (Valium), ohne aber dessen Nebenwirkungen auszulösen. Die Wirksamkeit wurde in verschiedenen Studien belegt und durch viele Erfahrungsberichte von Hundebesitzer*innen und Tierärzt*innen bestätigt. Erfahrungsgemäß wirkt das Alpha-Casozeptin-enthaltende Präparat Zylkene® bei vielen Hunden besser, wenn man die angegebene Dosierung verdoppelt bis verdreifacht.

Achtung: Alpha-Casozepin kann enthemmend wirken und damit auch unerwünschte Problemlösestrategien wie Aggressionen verstärken.

Tryptophan: Tryptophan ist eine essenzielle Aminosäure, die die Blut-Hirn-Schranke überwinden kann und im Gehirn zu Serotonin umgewandelt wird. Serotonin wirkt beruhigend, stimmungsaufhellend und schlaffördernd, weshalb die Zufütterung von Tryptophan bei einem ängstlichen Hund ein wahrer Gamechanger sein kann. Zusätzlich kann es Sinn machen, die tägliche Kohlenhydratmenge zu erhöhen und ein Vitamin-B-Präparat zu geben, was beides die Aufnahme von Tryptophan fördert.

Beobachtest du nach ein paar Wochen keine Veränderung, ist das schrittweise Ausschleichen besonders wichtig, da sonst in manchen Fällen depressionsartige Zustände drohen. Es gibt zahlreiche Nahrungsergänzungsmittel für Hunde, die reines Tryptophan enthalten, oder Kombinationspräparate mit weiteren Wirkstoffen.

L-Theanin: Auch L-Theanin ist eine Aminosäure, die die Blut-Hirn-Schranke überwindet und im Gehirn zu GABA (Gamma-Aminobuttersäure), einem Botenstoff mit hemmender Wirkung, umgewandelt wird. Es wird aus den Blättern von grünem Tee gewonnen, soll das Stressempfinden des Hundes reduzieren und eine stimmungsaufhellende und beruhigende Wirkung haben. Außerdem wirkt GABA positiv auf die zwei wichtigen „Glückshormone" Dopamin und Serotonin. L-Theanin ist in verschiedenen Mitteln enthalten, die für Hunde empfohlen werden.

GABA: Auch reine Gamma-Aminobuttersäure ist in manchen Präparaten enthalten. Es ist jedoch strittig, ob GABA über den Verdauungsweg überhaupt ins Gehirn gelangen kann.

Kräuter: Inzwischen gibt es für Hunde zahlreiche Kräuterpräparate und -mischungen mit beruhigenden Eigenschaften, die auch für deinen Hund hilfreich sein können. Dazu gehören vor allem Baldrian, Kamille, Lavendel und Zitronenmelisse. Das Ausprobieren lohnt sich, denn die beruhigende oder angstlösende Wirkung der entsprechenden Kräuter ist seit Jahrhunderten bekannt.

Die Mensch-Hund-Beziehung

Die Konzepte zur Erklärung der Mensch-Hund-Beziehung lassen sich in zwei Grundströmungen einteilen: Die eine sieht zwi-

Gegenseitige Liebe, Nähe und Vertrauen, sind die Basis für alles, was Mensch und Hund gemeinsam schaffen können.

schen Mensch und Hund eine hierarchische Beziehung, wobei Problemverhalten des Hundes oft mit der mangelnden Führung des Menschen begründet wird und der Fokus auf dem Setzen von Grenzen gegenüber unerwünschten Verhaltensweisen liegt. Die zweite Grundströmung fokussiert sich auf die Bedürfnisse des Hundes und sieht den Menschen, ähnlich wie in einer Eltern-Kind-Beziehung, als verantwortlich dafür, dass diese Bedürfnisse befriedigt und der Hund mit kooperativen Methoden darin unterstützt wird, in unserer Lebenswelt klarzukommen.

Warum schreiben wir überhaupt darüber? Uns ist es wichtig, dass du verstehst, dass die Anhänger*innen dieser beiden Konzepte in unterschiedlichen Lebenswirklichkeiten leben und du dich für das eine oder andere entscheiden musst. Tust du dies nicht, werden dich Aussagen von Menschen mit anderer Sichtweise immer wieder verunsichern und dich davon abhalten, das Beste für deinen Hund zu tun. Versuche so klar wie möglich zu dem zu stehen, was dich überzeugt und was dir entspricht. Wenn es darum geht, sich zwischen Trainingstechniken zu entscheiden, frage dich immer, wie sich dein Hund dabei fühlt. Lerne deinem Bauchgefühl zu trauen und tue das, was sich für dich richtig anfühlt. Mit deiner eigenen Klarheit kannst du deinem ängstlichen Hund viel besser helfen, schneller das Richtige tun, und rechtzeitig „Nein" zu schlechtem Rat sagen.

Vorbild und Stimmung

Als wichtigster Mensch im Leben deines Hundes bist du in vielen Bereichen das Vorbild, an dem er sich orientiert. Er wird oft nach dir schauen, um zu sehen, wie du eine Situation bewertest. Wenn er dann in ein entspannt lächelndes Gesicht sieht, wird er sich wahrscheinlich auch entspannen. Sieht er jedoch deine Sorgen, deine Unsicherheit oder Angst, wird ihn dies in die andere Richtung beeinflussen.

Nun kannst du nichts für deine Empfindungen und manchmal sind sie berechtigt. Die Frage ist, ob du deinem Hund hilfst, wenn du sie ihn spüren lässt. Oft wird gesagt, dass man Hunden nichts vormachen kann. In einer britischen Studie konnte sogar gezeigt werden, dass Hunde Stress beim Menschen riechen können und keine sichtbaren Anzeichen dafür brauchen. Dennoch lohnt sich der Versuch, deinem Hund eine gute Laune vorzumachen – unter anderem deshalb, weil du dich selbst durch ein bewusstes Lächeln und Durchatmen besser fühlen wirst.

Auch was die situative Stimmung angeht, hast du großen Einfluss auf deinen Hund. Dein Instrument, um die passende Stimmung zu erzeugen, ist deine Stimme. Wenn du möchtest, dass dein Hund erregt ist, zum Beispiel beim Abruftraining oder beim Spielen, dann feuere ihn laut, begeistert und aufgeregt an. In vielen anderen Situationen geht es darum, dass dein Hund ruhig und entspannt ist. Dann kannst du ihn genauso intensiv, aber leiser, ruhig und in tieferem Tonfall loben. Das allein wird wahrscheinlich nicht ausreichen, um eine stressige Situation aufzulösen. Aber wenn dein Hund durch deinen Stimmeinsatz weniger erregt ist als vorher, ist schon viel gewonnen.

Bindung und Sicherheit

Gerade für einen etwas unsicheren Hund ist es wichtig, dass er dich als seinen sicheren Hafen ansieht. Der Sichere-Basis-Effekt ist bei Kindern umfangreich erforscht und

In einer positiv aufgebauten "Einparkzone" kann der Hund Sicherheit beim Menschen suchen.

konnte ähnlich auch bei Hunden beobachtet werden. Demnach sind sicher gebundene Kinder und Hunde eher bereit, sich mit ihrer Umgebung zu beschäftigen und Erfahrungen zu sammeln, was wiederum ihr Selbstvertrauen und ihren Mut verstärkt. Wenn du also möchtest, dass sich dein Hund mehr (zu-) traut, sorge dafür, ihm eine sichere Bindung zu dir zu bieten.

Was beinhaltet „sicher gebunden"? Eltern sicher gebundener Kinder gehen schneller auf die Bedürfnisse ihrer Kinder ein, spenden ihnen Trost und spielen mehr mit ihnen. Kinder mit sicherer Bindung suchen Trost bei ihren Eltern, wenn sie Angst haben, können sich gut von ihnen trennen, auch wenn sie dabei anfangs verunsichert sind, und freuen sich über ihre Rückkehr. Sie ziehen ihre Bezugspersonen anderen Menschen vor. Auf deinen Hund übertragen bedeutet eine sichere Bindung, dass er sich in deiner Nähe wohl und geborgen fühlt und du immer bereit bist, ihm Sicherheit zu bieten. Damit wird bei dir Schutz zu suchen seine erste Stressbewältigungsstrategie. Gerade weil er dich als Rückversicherung hat und weiß, dass du ihn niemals wegschicken würdest, wenn er sich bei dir versteckt, wird er sich selbst mehr zutrauen. So kann er langfristig weitere selbstwirksame Stressbewältigungsstrategien entwickeln.

Du musst damit rechnen, dass dich andere Hundebesitzer*innen dafür kritisieren, deinen Hund in für ihn stressigen Situationen zu unterstützen und zu trösten. Lass dich nicht durch Aussagen wie „Du verwöhnst ihn", „Da muss er allein durch" oder „Du verweichlichst ihn" davon abbringen, das Richtige für ihn zu tun.

Zusätzlich zum Aspekt der Sicherheit sind schöne gemeinsame Erlebnisse und viel miteinander zu spielen der beste Weg, um die Bindung zwischen dir und deinem Hund zu festigen. Anregungen dazu findest du in den nächsten Kapiteln.

Vor Stress schützen

Wie schon geschrieben, wird Verhaltenstraining meist dort angesetzt, wo ein Problem auftaucht. Dass dies in vielen Fällen nicht der beste Weg ist, haben wir schon erklärt. In Bezug auf den Vertrauensaspekt in der Bindung ist es wichtig, deinen Hund vor Stress zu schützen, anstatt ihn in Schwierigkeiten zu bringen. Konfrontierst du ihn ständig mit Herausforderungen, denen er nicht gewachsen ist, wirst du Teil seines Problemszenarios.

Vielleicht sollte er noch nicht auf den Hundeplatz, die Hundewiese, an die stark befahrene Straße oder ins Einkaufszentrum gehen. Das zu können sind gute Trainingsziele, die du angehen kannst, wenn dein Hund eine sichere emotionale Basis und die nötige Ausgeglichenheit besitzt. Bis dahin ist es deine Aufgabe, ihn zuverlässig vor unangenehmen Erlebnissen zu beschützen.

Die Hundewelt ist voller Besserwisser, die ungefragt fremden Menschen mit fremden Hunden Ratschläge geben, ohne deren Situation zu kennen. Manchmal sind es auch Freunde, Bekannte und Verwandte, die meinen, dir sagen zu müssen, was du mit deinem Hund machen solltest. Auch unter unseren Trainerkollegen und -kolleginnen gibt es viele, die krude Ansichten und schädliche Techniken verbreiten und damit Hunde und ihre Menschen fertigmachen. Viele dieser Tipps haben das Potenzial, die Situation zu verschlimmern. Hier ein paar Dinge, die du bitte nicht machen solltest:

Zwinge deinen Hund niemals, etwas zu tun oder auszuhalten, was er nicht möchte. Ausnahme: Es geht nicht anders, wie zum Beispiel bei einer unvermeidlichen tierärztlichen Behandlung. Ignoriere ihn nicht, wenn er Angst hat und Hilfe benötigt. Benutze keine Techniken, die deinen Hund einschüchtern oder ihm wehtun. Lasse deinen Hund nichts mit fremden Hunden „unter sich" klären. Mache bei nichts mit, was sich für dich nicht gut anfühlt. Fang keine Diskussionen mit Menschen an, die zu dir gegensätzliche Sichtweisen haben. Versuche schlechte Ratschläge und Aussagen, die dich und deinen Hund kleinmachen, nicht an dich heranzulassen und sofort zu vergessen.

Die Komfortzone verlassen

Dadurch, dass du deinen ängstlichen Hund vor Erlebnissen und Situationen schützt, mit denen er noch nicht klarkommt, entsteht eine Komfortzone für ihn, in der er sich freier bewegen kann. Auch für dich wird sie zu einem Wohlfühlbereich, in dem du dich über neu gewonnene Sicherheit freust. Diesen Bereich zu verlassen, ist immer ein kleines Risiko und erzeugt nicht nur bei deinem Hund Unsicherheit, sondern wahrscheinlich auch bei dir. Daraus kann eine Hemmung entstehen, gewohnte Abläufe zu verändern und deinem Hund auch mal etwas zuzumuten.

Es ist ein schönes Gefühl, zu beobachten, wie sich dein Hund besser fühlt in seinem Alltag. Weiterer Fortschritt entsteht aber nur außerhalb der Komfortzone. Das 3-Zonen-Modell aus der Erlebnispädagogik beschreibt um die Komfortzone herum eine Wachstumszone, die wiederum von der sogenannten Panikzone umgeben ist. In der Wachstumszone gilt es, sich Herausforderungen zu stellen, neue Erfahrungen zu machen, Aufgaben zu lösen. Sie wird auch als Lern- oder Risikozone bezeichnet, und das Gute an ihr ist: Mit jeder gemeisterten Schwierigkeit gewinnt dein Hund an neuer Sicherheit, seine Komfortzone wächst und die Panikzone rückt in weitere Entfernung.

Bei allem Fokus auf Stressvermeidung und Sicherheit möchten wir dich dennoch ermutigen, immer wieder deine Komfortzone zu verlassen, damit du nicht verpasst, dass dein Hund bereit ist für den nächsten Schritt auf dem Weg zum mutigen Hund.

Foto © Madeleine Franck

5

MUTIG DURCH DEN ALLTAG

Die meisten Ängste bei Hunden werden durch optische oder akustische Reize ausgelöst. Mitentscheidend dafür, ob aus einem Schreckerlebnis eine tiefe Angst entsteht, ist die Strategie, die der Hund zur Bewältigung seiner Probleme entwickelt. Dabei kann es beim Auslöser zu Übertragungen auf andere Reize kommen. Typisch bei Gewitterangst ist beispielsweise, dass ein betroffener Hund irgendwann schon Angst bei aufkommendem Wind zeigt, auf Geräusche von Flugzeugen reagiert oder sich an einem bestimmten Ort fürchtet, wo er ein Gewitter miterlebt hat. Er wird versuchen, diesen Ort zu vermeiden, beim Aufkommen von Wind umdrehen, um nach Hause zu laufen, oder – wenn es gut läuft – bei seinem Menschen Schutz suchen.

Wie wir bereits erklärt haben (siehe Seite 10), verstärkt das Gefühl der Erleichterung die Strategie, die der Hund instinktiv zur Gefahrenabwehr nutzt. Das Problem bei allen Vermeidungsstrategien ist, dass die Erleichterung gleichzeitig auch die Angst verstärkt. Eine Bedrohung, der man entkommen ist, wird bei einer erneuten Konfrontation mit dem Auslösereiz als noch viel gefährlicher eingeschätzt, denn die emotionale Erregung steigt mit jeder Wiederholung.

Achtung: Das Wissen um diesen Verstärkungsmechanismus rechtfertigt keinesfalls Trainingsstrategien, bei denen der Hund einer beängstigenden Situation ausgeliefert wird, ohne dass er eine Lösung dafür hat.

Bei einem unsicheren Hund kommt also leicht ein Teufelskreis aus Angst, Vermeidung und Erleichterung in Gang, der einerseits die Angst vor bestehenden Auslösern aufrechterhält und andererseits für die Ausweitung von Ängsten und Unsicherheiten sorgen kann. Glücklicherweise breiten auch positive Emotionen, wie Mut und Resilienz, ihre Wirkung immer weiter aus: Das gute Gefühl, eine Herausforderung meistern zu können, sorgt für einen besseren allgemeinen Stimmungszustand und erhöht Optimismus, Selbstwirksamkeit und Lösungsorientierung, mit denen dein Hund den nächsten Auslösereizen ganz anders gegenübertreten kann. Um dafür die passenden Bedingungen zu schaffen, kombinieren wir verschiedene Strategien.

Entspannung lernen

Es gibt in der Emotionsforschung zahlreiche Experimente, die die große Bedeutung der körperlichen Erregung für das Angstgefühl belegen. So hat man beispielweise in einem Experiment Versuchspersonen Adrenalin gespritzt und sie im Glauben gelassen, es sei eine einfache Vitaminlösung. Eine zweite Gruppe von Versuchspersonen wurde korrekt informiert und über die Wirkungen des Adrenalins aufgeklärt, wie die Erhöhung der Herzfrequenz, der Anstieg des Blutdrucks etc. Nach einer gewissen Wartezeit zu ihrer Stimmung befragt, fühlte sich die erste Gruppe im Gegensatz zur zweiten deutlich häufiger ängstlich und ausgesprochen unwohl. Umgekehrt ist es praktisch nicht möglich, sich ängstlich zu fühlen, wenn kein körperlicher Erregungsprozess abläuft.

Da sich die physiologischen Vorgänge unter Stress bei Mensch und Hund gleichen, kann man davon ausgehen, dass auch die Emotionen vergleichbar sind, die die Hunde erleben. Entspannungstechniken spielen daher sowohl beim Hund als auch beim Menschen eine wichtige Rolle im Mutmachtraining. Je besser du mit deinem Hund die verschiedenen Möglichkeiten trainierst, sich zu entspannen, desto mehr werden diese Verhaltensweisen zu Strategien, die er selbst für sich nutzen kann.

Konditionierte Entspannungssignale

Auch beim Entspannungstraining kannst du den Pulsmesser einsetzen, um den Erregungszustand deines Hundes einzuschätzen. Finde heraus, wobei seine Erregung absinkt, und verknüpfe diese Tätigkeiten mit einem Signalwort.

Gemeinsame Kuschelzeiten entfalten automatisch einen beruhigenden Effekt auf deinen Hund und beeinflussen so sein allgemeines Wohlbefinden. Die Ausschüttung von Oxytocin wirkt angstlösend und gleichzeitig bindungsstärkend. Wenn du deinen Hund mit langsamen, ruhigen Handbewegungen über den Rücken streichst und beobachtest, wie sein Puls dabei langsamer und sein Atem ruhiger wird, kannst du diesen entspannten Zustand mit einem Schlüsselwort, wie „Ruuuhe" oder „Om", belegen. Mit diesem Wort kannst du deinem Hund dann in anderen Situationen helfen, leichter wieder in die Entspannung zu finden.

Zusätzlich zu einem Wort eignet sich auch ein Geruch als konditioniertes Entspannungssignal. Gerüche gelangen ohne Umwege ins limbische System im Gehirn und wirken daher stark auf das emotionale Erleben. Probiere zuerst, welche Gerüche dein Hund (und du) als angenehm empfinden. Verschiedene ätherische Öle wie Lavendel oder fertige Mischungen können bereits per se einen beruhigenden Effekt auf das Nervensystem ausüben. Wenn du den Geruch nun immer dann präsentierst, wenn sich dein Hund zum Schlafen ins Körbchen legt, wird die Verknüpfung zwischen Geruch und Parasympathikus-Aktivität noch stärker.

Gib dazu ein paar Tropfen der verdünnten Geruchslösung auf ein Tuch, das du anschließend in der Nähe des Hundekörbchens platzierst. So läuft die Konditionierung ohne großen Aufwand nebenbei ab, wenn dein Hund auf seinem Schlafplatz chillt. Später kannst du das Tuch in einen Reißverschluss-Gefrierbeutel tun und bei Bedarf an verschiedenen Orten hervorholen, um ähnlich wie mit dem

Eine sanft aufgelegte Hand kann als konditioniertes Entspannungssignal dienen.

„Ruuuhe"-Signalwort deinem Hund einen kurzen Impuls zum Entspannen zu geben. Dies kann schon ausreichen, um ihn in einer stressigen Situation wieder ansprechbar zu machen und dann mit weiteren Maßnahmen zu unterstützen.

Manchmal wird empfohlen, dem Hund ein Halstuch mit einem zuvor konditionierten Geruch umzubinden, um ihn dauerhaft (mehr) zu entspannen. Dieses Vorgehen ist aus unserer Sicht nicht ratsam. Bei einem Dauergeruch erfolgt eine Art Abstumpfung der Riechzellen, der Hund nimmt also nach kurzer Zeit den Geruch gar nicht mehr wahr. So verpufft der Effekt wahrscheinlich, bevor er die Entspannungserinnerung gebrauchen könnte.

Kauen und Lecken gegen Stress

Nicht umsonst kauen viele Menschen gern Kaugummi, wenn sie angespannt sind. „Auf dem Problem herumzukauen" hilft oft schon, es zu lösen. Hunde nutzen die gleiche Strategie, um Erregung und Stress abzubauen, indem sie Stuhlbeine, Schuhe oder Zimmerpflanzen ankauen, auf dem Spaziergang Gras ausrupfen (nicht fressen) oder Stöckchen zerstückeln.

Bietet sich keine andere Möglichkeit, einer belastenden Situation zu entfliehen, beginnen manche Hunde sogar, exzessiv auf eigenen Körperteilen zu kauen oder zu lecken, im schlimmsten Fall bis hin zur Selbstverstümmelung.

Mit dem gefüllten KONG bietet man dem Hund eine Strategie zur Stressbewältigung, die ihm hilft, seine Erregung abzubauen und gleichzeitig optische Auslösereize im Blick zu behalten.

Das Kauen und Nuckeln gezielt als Entspannungsstrategie zu nutzen und zu fördern, ist daher eine gute Idee und sehr leicht umsetzbar. Jeder Hund hat ein gewisses Kaubedürfnis, das als Teil seines Wohlfühlbudgets erfüllt werden sollte. Reduziere, falls notwendig, die Kauartikel deines Hundes im Alltag ein wenig und biete sie ihm stattdessen immer dann an, wenn zu Hause Stress aufkommt – zum Beispiel, wenn du staubsauen musst und deinem Hund die Geräusche unangenehm sind. Mach ein kleines Ritual daraus, erst mit ihm gemeinsam einen Knochen zu holen, bevor du den Staubsauger anschaltest. Hat dein Hund freien Zugang zu Kaumaterial, wird er mit der Zeit beim Anblick des Staubsaugers selbst auf die Idee kommen, sich mit einem Kauknochen zurückzuziehen. Verwahrst du die Kausachen in einer Schublade, kannst du zusätzlich die Selbstwirksamkeit deines Hundes verstärken, indem du sein Gehen zu diesem Vorratsschrank mit dem Öffnen der Schublade und einem Knochen belohnst. Alternativ kannst du auch vor seinen Augen einen KONG herausnehmen und befüllen.

Der KONG: Ein mit Leckereien „gestopfter" KONG wird oft eingesetzt, um einem gelangweilten Hund eine Beschäftigung zu bieten. Dabei muss der Hund sich das Futter durch Kauen und Lecken aus dem Hohlraum des Spielzeugs erarbeiten. Das Einsatzgebiet des KONGs ist allerdings weitaus größer, weshalb du ihn unbedingt als Entspannungsstrategie – und zusätzlich zu anderen Kauartikeln – etablieren solltest.

Dazu sollte dein Hund den KONG erst einmal in einer neutralen Situation kennenlernen. Gestalte anfangs die Füllung so, dass dein Hund schnell ein Erfolgserlebnis hat: Feuchtfutter, Hundeleberwurst, Quark, vermischt mit Fleischpüree aus einem Babygläschen oder Ähnliches, haben eine starke Anziehungskraft auf den durchschnittlich verfressenen Hund und lassen sich durch ihre Konsistenz ganz leicht aus dem KONG herausbekommen. Das Lecken und Kauen entspannt, während gleichzeitig dieser angenehme Zustand mit dem KONG verknüpft wird. Erst nach und nach solltest du den Schwierigkeitsgrad durch die Art der Füllung erhöhen, damit der KONG länger vorhält.

Erfahrungsgemäß dauert es nicht lange, bis der KONG für den Hund zu einem etablierten Spannungsableiter geworden ist. Nun kannst du ihn sowohl vorbeugend in neuen als auch in bekannten Situationen einsetzen, von denen du weißt, dass sie für deinen Hund schwierig werden. Während Leckerchen manchmal unter Stress nicht mehr angenommen werden, hast du mit dem zuvor konditionierten KONG größere Chancen, noch zum Hund durchzudringen. Damit bietet der KONG dem Hund nicht nur eine Strategie, um sich abzureagieren, sondern spielt gleichzeitig eine wichtige Rolle im Prozess der Gegenkonditionierung. Während er den KONG ausnuckelt, kann er sich nämlich die Reize anschauen (oder anhören), die für ihn problematisch sind. So lässt sich die einsetzende Entspannung mit der Zeit auf die Auslöser übertragen.

Praxistipp Handkong: Wenn du einmal unvorbereitet mit deinem Hund in eine Stresssituation gerätst, ist der „HandKONG" eine praktische Sofortmaßnahme. Biete dem Hund ein paar Leckerchen so in deiner Hand an, dass er sie aus einem Hohlraum zwischen deinen Fingern herauslecken muss. Genau wie beim echten KONG kann der Hund sich durch das Schlecken daran beruhigen. Damit er in der entsprechenden Situation weiß, was zu tun ist, und nicht durch eine gute Futterkontrolle gehemmt wird, solltest du den HandKONG vorab mit einem Hörzeichen verknüpfen.

Der Handkong ist eine schnelle Maßnahme, wenn eine Situation unerwartet kritisch wird.

Foto © Madeleine Franck

Isometrische Übungen helfen dem Hund dabei, gezielt Muskulatur an- und wieder abzuspannen.

Körperübungen

Entspannende Körperübungen brauchen immer eine vorhergehende Trainingsphase, damit der Hund den Ablauf und die Signale dafür verknüpft hat, bevor du sie in einer stressigen Situation anwenden oder abfragen kannst. Aber auch die Trainingsphase, beziehungsweise die Anwendung in einer relaxten Umgebung, haben bereits einen positiven Effekt auf das Körpergefühl des Hundes.

Gezielte Muskelentspannung: Empfehlenswert sind isometrische Übungen, bei denen du mit der flachen Hand Druck auf eine bestimmte Muskelgruppe des Hundes ausübst und er lernt, diesen Druck durch Anspannen der Muskulatur auszugleichen. Du kannst damit beginnen, deinem Hund ein Ankündigungswort wie „Anfassen" zu sagen und danach deine Hand sanft an seinen Oberschenkel zu legen. Clicke und füttere die Berührung schnell ein paar Mal, bevor du deine Hand wegnimmst. Belohne nur, solange dein Hund seine Position nicht verändert und der Berührung nicht ausweicht. Dazu ist es wichtig, die Belohnung immer von vorn und exakt bis ins Maul zu liefern, damit du ihn nicht unabsichtlich durch schlechtes Futtermanagement zur Bewegung animierst. Wenn du zuvor das Bucket Game (siehe Seite 30) geübt hast, kannst du es hier wunderbar für den Fokus nach vorn einsetzen.

Für viele Hunde ist es außerdem hilfreich, wenn sie beim Erlernen der isometrischen Übungen erhöht stehen - beispielsweise auf einem Balancepad oder einer Trainingsplattform. Gewöhne deinen Hund jetzt durch schrittweise Steigerung des Berührungsdrucks daran, dass er aktiv seine Muskeln anspannen muss, um nicht aus dem Gleichgewicht zu kommen. Halte diese Spannung für fünf bis zehn Sekunden, bevor du langsam deine Hand wegnimmst. Dabei wird dein Hund nun automatisch auch seine Muskulatur wieder entspannen. Du kannst deine Hand erst auf den Oberschenkel links, dann auf die Schulterpartie links, dann Schulter rechts und schließlich Oberschenkel rechts legen und so deinem Hund helfen, durch das wiederholte An- und Entspannen der verschiedenen Körperbereiche insgesamt in einen entspannteren Muskeltonus zu finden. Ähnlich funktioniert die progressive Muskelrelaxation (PMR) beim Menschen, die bei Angst- und Stressproblematiken über eine gut belegte Wirksamkeit verfügt.

Als Mensch kann man PMR lernen und dann für sich selbst nutzen, um Entspannung gezielt herbeizuführen. Dein Hund braucht dafür auf Dauer körperlich deine Hand zum Anlehnen. Dabei wird zusätzlich die soziale Unterstützung wirksam, die du ihm bietest, wie wenn du einem guten Freund in einer aufregenden Situation beruhigend die Hand auf die Schulter legen würdest. Denk bitte immer an dein Ankündigungswort, damit dein Hund die Wahl hat, ob er sich in diesem Moment auf deine Hilfe einlassen möchte.

Das Kinntarget: Eine weitere sinnvolle Körperübung, die ein wenig der Vorbereitung bedarf, ist das Ablegen des Hundekinns in deine Hand. Dies verringert über die Entspannung der Nackenmuskulatur automatisch die Gesamtspannung des Hundes. Lege dazu eine offene Hand von unten leicht an den Hundefang und beginne sofort, den Hund mit vielen Belohnungen aus der anderen Hand „fest zu füttern". Durch schnelle Leckerchen direkt nacheinander, gibst du ihm einen guten Grund dafür, sich nicht wegzubewegen.

Ist er beim Anfassen eher empfindlich, locke ihn lieber in diese Position. Bei beiden Varianten ist der Ort der Belohnung entscheidend: Reiche die Leckerchen nicht von vorn, sondern von unten nach oben an, deine Hände bleiben dicht zusammen. Nach mehreren schnellen Clicks und Belohnungen sage dein Auflösungswort, bevor du die Hände wegnimmst. Ziel ist es, dass der Hund seinen Kopf immer schwerer in deiner Hand werden lässt und wartet, bis du auflöst. Wenn du ihm nach ein paar Wiederholungen deine Ablagehand nur noch geschickt anzu-

Bein Kinntarget entspannt der Hund seine Nackenmuskulatur.

bieten brauchst, damit er seinen Kopf hineinlegt, kannst du ein Hörzeichen wie „Kinn" einführen.

Du kannst diese Übung nicht nur als aktives Entspannungstool, sondern auch als Gradmesser für die Erregung deines Hundes nutzen. Schafft er es in einer Situation nicht, sein Kinn abzulegen (nachdem du entsprechend geübt hast), braucht er mehr Abstand zum Auslösereiz seiner Aufregung. Kann er die angebotene Hand dagegen annehmen, kannst du ihm dadurch helfen, sich weiter zu entspannen.

Hilfsmittel nutzen

Die Decke: Es ist immer eine gute Idee, mit dem Hund das entspannte Liegen auf einer Decke zu trainieren. Im Prinzip wird die Decke durch das Üben zu einem weiteren konditionierten Entspannungssignal - einem gleichzeitig optischen, haptischen und olfaktorischen Hilfsmittel. Genau wie ein Kind zum Übernachten bei den Großeltern seine Schmusedecke mitnimmt, kannst du für deinen Hund die zuvor als Wohlfühlort etablierte Decke mit an fremde Orte nehmen, zur Trainingsstunde in der Hundeschule, zum Besuch bei Freunden und so weiter.

Beginne zu Hause damit, die Decke mit vielen Belohnungen, Kuscheleinheiten und KONG-Geben absolut positiv zu verknüpfen. Lass im ersten Schritt mehrfach großzügig Leckerchen auf die Decke regnen, die der Hund aufsammeln darf. Danach kannst du die Zeitabstände ausdehnen und immer wieder im Vorbeigehen einzelne Leckerchen auf die Decke werfen. Setz dich oft mit deinem Hund zusammen auf den Boden, damit du ihn streicheln kannst, während er auf der Decke liegt. Trainiere das eigentliche Abhängen auf der Decke immer erst nach einem Spaziergang, wenn dein Hund auch körperlich bereit dafür ist, sich hinzulegen. Gib ihm dann einen gefüllten KONG auf der Decke, sodass er mit großer Wahrscheinlichkeit nach dem Auslecken einfach einschläft.

Das Hinschicken auf diese Decke kannst du üben, indem du vor den Augen des Hundes ein Leckerchen dort deponierst und ein paar Meter mit ihm weggehst. Erlaube ihm mit dem neuen Hörzeichen „Decke" zurück zum Futter zu laufen und sich zu bedienen. Je nachdem, wie gut dein Signal fürs Hinlegen schon klappt, solltest du dem Hund entweder hinterhergehen und ihm vor Ort sagen, dass er nun auf der Decke Platz machen soll, oder du gibst das Signal aus der Entfernung. Fürs Liegen gibt's weitere Belohnungen.

Auf Dauer soll der Hund natürlich nicht nur zur Decke laufen, nachdem du dort ein Futterstück deponiert hast. Am Anfang legst du das Leckerchen immer sichtbar für ihn hin, nach ein paar Wiederholungen passiert das heimlich, später sollte er dann ab und zu dort etwas finden, oder du schickst ihn erst zur Decke, folgst ihm und belohnst ihn dort.

Körperbänder und ThunderShirt: Um bestimmte Körperstellen gewickelte Bandagen sind Hilfsmittel aus dem Bereich der Tellington TTouch Arbeit, die den Hund dabei unterstützen, seinen Körper besser wahrzunehmen. Der sanfte Druck eines Körperbands ist für viele Hunde ein positiver sensorischer Reiz, der eine unwillkürliche Beruhigungsreaktion auslöst. Die Atmung und der Herzschlag verlangsamen sich und der Hund ist besser in der Lage, bedacht auf Umweltreize zu reagieren. Dabei gibt es verschiedene Wickeltechniken und neben den breiten Körperbandagen auch noch schmale Bänder, über die gezielt Beruhigungspunkte im Nacken und auf der Schnauze angesprochen werden können.

Ein Körperband aus der Tellington TTouch© Methode, sorgt für eine über den Pulssensor am Hals messbare Entspannung.

Wir haben mit dem Pulsmesser bei verschiedenen Hunden eine sofortige und eindeutige Reaktion auf das Anlegen eines Körperbands verfolgen können. Wenn dein Hund ähnlich positiv mit Entspannung reagiert, kannst du die Bandage in stressigen Situationen als Sofortmaßnahme nutzen und als zusätzliche Unterstützung bei Mutmachspielen einsetzen.

Das ThunderShirt verspricht einen ähnlichen Effekt wie die Körperbänder und wird vom Hersteller beworben als „natürliche Beruhigungslösung, die hilft, Ängste bei Hunden zu reduzieren". Unserer Erfahrung nach gibt es viele Hunde, bei denen es wunderbar wirkt, aber auch solche, die es offenbar als unangenehm empfinden.

RelaxoPet: Der RelaxoPet ist im Prinzip ein kleiner tragbarer Lautsprecher mit integrierter Schallwellenelektronik, der unterschwellige Geräusche abspielt. Für den Menschen hörbar sind diese, je nach eingestellter Lautstärke, als eine Art Rauschen, das auf den Hund automatisch beruhigend wirkt. Trotzdem ist auch hier eine Konditionierungsphase von mehreren Tagen sinnvoll, während der der RelaxoPet in der Nähe des Körbchens zu den Ruhezeiten des Hundes angeschaltet wird. Zusätzlich lassen sich hörbare Entspannungsklänge in einer sich stetig wiederholenden Tonfolge einschalten.

Laut Herstellerangabe ist die Frequenz der Töne passend abgestimmt auf verschiedene Tierarten und nicht auf anderen Lautsprechern abspielbar. Dennoch kann es hilfreich sein, mit „einfachem" weißen oder braunen Rauschen zu experimentieren, das du beispielsweise mit einer Smartphone-App abspielen kannst. Beides soll Stress reduzieren, Entspannung fördern und kann gerade

Wichtig

Ein Hund entspannt sich nicht, nur weil er gezwungen ist, eine liegende Position einzunehmen. Wenn von Trainer*innen empfohlen wird, den Hund auf einer Entspannungsdecke oder auf seinem Platz abzulegen und das Training dafür nur darin besteht, das Aufstehen des Hundes (körpersprachlich) zu unterbinden, hat das nichts mit Entspannungstraining zu tun. Ein Hund kommt auch nicht automatisch innerlich zur Ruhe, nur weil er äußerlich eingeschränkt wird, beispielsweise durch Anbinden am Heizkörper oder Einsperren in einer Hundebox. Wenn du Trainingstipps für mehr Entspannung ausprobierst, überleg immer, wie sich dein Hund dabei fühlt. Gutes Training und sinnvolle Hilfsmittel unterstützen deinen Hund dabei, sich besser zu fühlen. Jeder Hund ist individuell, und nur ein Hilfsmittel, das sein Wohlbefinden verbessert, ist für ihn passend – egal, was die Beschreibung verspricht.

bei Geräuschängsten hilfreich sein, um angstauslösende Geräusche zu maskieren. Beobachte wie immer die Reaktion deines Hundes und seine Pulswerte, um den Entspannungserfolg einzuschätzen.

"Die Macht der guten Gefühle"

Zahlreiche Studien im Forschungsfeld der positiven Psychologie haben inzwischen gezeigt, dass das Erleben von guten Gefühlen einen sehr weitreichenden positiven Effekt hat. Schon vor über 20 Jahren entwickelte die amerikanische Psychologin Barbara L. Fredrickson aufgrund ihrer Forschungsergebnisse die Broaden-and-Build-Theorie und stellte ein damals neues Modell zur Funktion von positiven Emotionen vor. Demnach erweitern (engl. = broaden) positive Gefühle wie Freude, Interesse, Stolz, Zufriedenheit und Liebe die Wahrnehmung. Dadurch werden mehr Reize (besser) verarbeitet und mehr neuronale Verbindungen geknüpft; Kreativität, Offenheit und Problemlösefähigkeiten nehmen zu. Langfristig führt dies zum Aufbau (engl. = build) vieler neuer Ressourcen: Resilienz und Selbstwirksamkeit werden gestärkt, Probleme gelöst, Beziehungen vertieft, Fähigkeiten erweitert.

Auch wenn sich diese Theorie auf Menschen bezieht, kannst du davon ausgehen, dass die Wirkmechanismen bei deinem unsicheren Hund ähnlich funktionieren. Umgekehrt werden nämlich zahlreiche Erkenntnisse durch Experimente mit Tieren gewonnen. Jaak Panksepp, den wir bereits im Zusammenhang mit den verschiedenen Emotionssystemen erwähnt haben (siehe Seite 10), war beispielsweise Experte für das Verhalten von Ratten. Er stellte fest, dass es einen Zusammenhang zwischen der Aktivität des Spielsystems (Play) von jungen Ratten, ihrem „Lachen" und ihrem späteren sozialen Erfolg bei der Partnersuche sowie ihrer (optimistischen) Lebenseinstellung gibt. Auch kurzzeitig hinterlassen wenige Stunden ausgelassenes Spiel bereits Spuren im Gehirn der Ratten und erhöhen die Aktivität der NMDA-Rezeptoren in der Zellmembran. Panksepp schlussfolgerte aus seinen Experimenten, dass Spiel im Rahmen der Therapie von Depression hilfreich sein könnte und auch, dass Humor erlernbar ist.

Ob Ratten, Menschen oder Hunde: Gute Gefühle bei deinem Hund zu erzeugen steht unbedingt auf der To-do-Liste, um eine Aufwärtsspirale in Gang zu setzen.

Markertraining

Hundetraining sieht heute glücklicherweise anders aus als noch vor 20 Jahren. Der Einsatz von Belohnungen ist zum Standard geworden, wie sich auch an der riesigen Auswahl von käuflichen Belohnungsleckerchen ablesen lässt. Auch Clickertraining ist den meisten Hundebesitzer*innen inzwischen ein Begriff – doch hinter dieser Art der positiven Verstärkung verbirgt sich mehr, als es auf den ersten Blick den Anschein hat.

Wie das freie Formen beim Kreativitätstraining zum Einsatz kommt, haben wir bereits beschrieben. Clickertraining umfasst jedoch noch verschiedene andere Trainingstechniken, die außerdem alle unabhängig vom Einsatz eines echten Clickers, also des kleinen Knackfroschs sind. Statt Clicker werden meist kurze, prägnante Wörter wie Click, Yes, Top oder auch ein Zungenschnalzen genutzt, aus dem praktischen Grund, dass man dann beide Hände frei hat. Gemeinsam haben all diese Signale, dass sie als Marker für erwünschtes Verhalten dienen, weshalb sich heute der Begriff Markertraining etabliert hat.

Mithilfe eines Markers lässt sich Verhalten punktgenau verstärken. Markertraining ist effektiv und nachhaltig, doch das aus unserer Sicht wichtigste Pro-Argument ist, dass du damit einen direkten Zugang zu den Emotionen deines Hundes bekommst. Während des Konditionierens wird der Marker, also dein Wort oder das Clickgeräusch, mit einer echten Belohnung verknüpft. Dadurch wird es zu einem Belohnungssignal und selbst zum Verstärker, der mit der Ausschüttung von Dopamin im Hundekörper einhergeht. Für einen markertrainierten Hund ist daher nicht nur das Leckerchen am Ende einer Verhaltenskette eine Belohnung, sondern auch der Click selbst, denn er führt zu den guten und motivierenden Gefühlen, die wir im Training haben wollen. Mit jedem „Yes" oder „Click" kannst du so dafür sorgen, dass dein Hund sich besser fühlt. Der Marker bietet dir außerdem eine einfache Möglichkeit, das Seeking-System deines Hundes zu aktivieren. Zur Erinnerung: Seeking, Fürsorge und Spiel sind die drei Emotionssysteme, die wir möglichst oft aktivieren wollen.

Mit Markertraining lassen sich zum einen bestimmte Verhaltensweisen und zum anderen bestimmte Situationen mit positiven Gefühlen verknüpfen. Dein Markersignal wird mit der Zeit automatisch auch zum Sicher-

Ein positiv trainierter Trick weckt angenehme Emotionen, die sich auf verschiedene Umgebungen und Situationen übertragen lassen.

Die Rolle von Dopamin im Lernprozess

"Die Hirnforschung liefert uns immer neue, spannende Erkenntnisse dazu, wie Emotionen sich auf Verhalten und Lernen auswirken. So erforscht Patricia Janak, Professorin an der Johns Hopkins University, mit ihrem Team die neurobiologischen Grundlagen von Verhalten durch assoziatives Lernen. Sie füllt sozusagen die „Black Box" der Behavioristen mit messbaren Daten über neuronale Aktivität, die mit Lernen in Zusammenhang steht. Dazu nutzt sie Methoden der Optogenetic, durch die es möglich wird, lichtempfindliche Proteine so zu manipulieren, dass man das entsprechende biologische System anschließend unter Lichteinfluss kontrollieren kann. Damit machte sie dopaminerge Neuronen im Gehirn von Ratten kontrollierbar und zeigte, welche Rolle Dopamin im Lernprozess spielt. Sie konnte zeigen, dass sowohl klassische als auch operante Konditionierung möglich ist, ohne dass die Ratten zu irgendeinem Zeitpunkt eine „echte" (Futter-)Belohnung bekamen. Stattdessen wurden im Konditionierungsprozess nur die dopaminergen Neuronen künstlich zum Feuern gebracht. Dies alles gilt jedoch nur für die VTA-Neuronen des mesolimbischen Systems, nicht für dopaminerge Neuronen in anderen Gehirnregionen, die ebenfalls manipuliert wurden. Dopamin muss also an der richtigen Stelle (nämlich im Seeking-System) ausgeschüttet werden, um den Belohnungseffekt zu verursachen.

Die Ratten in Janaks Versuchen lernten im ersten Schritt einen neuen Licht-Ton-Reiz kennen, der mit einer fünfsekündigen Dopminausschüttung „belohnt" wurde. Nach zwölf Tagen Konditionierung konnte man eine Hinwendung der Ratten zum Reiz beobachten, sobald sie ihn wahrnahmen. (Eine Kontrollgruppe interessierte sich nicht weiter für den Reiz.) Es ließ sich zeigen, dass die Aktivität der dopaminergen Neuronen über die manipulierte Feuerung hinaus zugenommen hatte, wie es auch bei einer klassischen Konditionierung mit Futterbelohnung zu erwarten gewesen wäre. Im zweiten Schritt lernten die Ratten den richtigen von zwei Hebeln zu drücken, um als Belohnung einzig den zuvor mithilfe von Dopamin konditionierten Licht-Ton-Reiz präsentiert zu bekommen. Dieser ist also selbst zum Belohnungssignal geworden, nur weil er die Dopaminausschüttung vorhersagte.

Die Rolle von Dopamin im Lernprozess ist komplexer als lange angenommen. Die mit der Aktivität des Seeking-Systems verbundene Dopaminausschüttung verursacht die Vorfreude bis hin zur Euphorie und sorgt fürs Durchhalten auf dem Weg zu einem Erfolg. Dopamin fungiert aber auch als Lernsignal für relevante Umgebungsreize, denn die Wahrscheinlichkeit für Erfolg ist (in der Natur) immer an bestimmte Marker geknüpft. Das können Farben sein (z. B. Rot), Gerüche, Geräusche oder Ähnliches. Teilweise greift das Seeking-System dabei auf feste, genetisch verankerte Verhaltensmuster zurück. Es ist jedoch auch verantwortlich für die allermeisten Lernprozesse, es motiviert und verstärkt mithilfe von Dopamin die Lernbereitschaft jedes Lebewesens auf der Suche nach den Erfolgsreizen." (aus Motivation pur. So begeisterst du deinen Hund von Madeleine Franck und Rolf C. Franck / Cadmos Verlag 2019) heitssignal für deinen Hund: Er kann nicht gleichzeitig auf das Clicken reagieren und Angst haben. Sicherheit ist genau das, was wir einem ängstlichen Hund vermitteln möchten. Der Marker spielt also nicht nur für das globale Wohlbefinden des Hundes eine Rolle, sondern in den angstbesetzten Situationen selbst. Du kannst deinem Hund zum Beispiel eine neue Umgebung „schönclicken", indem du viel und großzügig clickst und für jeden neuen Click ein Leckerchen auf eine andere Stelle am Boden wirfst. So bekommt dein Hund die ständige körperinterne Dopamin-Rückmeldung „Alles super", wenn er deinen Marker hört, und wird zusätzlich beim Aufsammeln der Futterstücke zum Schnüffeln animiert. So vermischt sich der Umgebungsgeruch mit dem angenehmen Leckerchenduft und wird ebenfalls positiv gefärbt.

Bitte beachten

Du kannst deine Clicks im Training mit allem verbinden, was für deinen Hund angenehm und zur Situation passend ist. Begeistertes oder auch ruhiges verbales Loben sollte immer dazugehören. Wichtig ist außerdem, dass dein Hund die gegebene Belohnung auch tatsächlich als solche empfindet. Auch wenn es trivial klingt: Was eine echte Belohnung für deinen Hund ist, entscheidet er selbst. Ein Verstärker verstärkt per definitionem Verhalten - tut eine Belohnung das nicht, war sie eben kein Verstärker für deinen Hund. Du kannst (und sollst) versuchen, seine Vorlieben für bestimmte Belohnungen zu fördern, vor allem aber musst du herausfinden, worauf er wirklich steht.

Gerade wenn Unsicherheit und Angst im Spiel sind, müssen Futterbelohnungen extra hochwertig und idealerweise geruchsintensiv sein. Über einen starken Geruch hast du eine bessere Chance, den Hund für Futter zu interessieren. Die gelernte Verknüpfung von Markersignal und Futtergabe erhöht zusätzlich die Chance, dass du auch in schwierigen Situationen zu deinem Hund durchdringen kannst und er bereit ist, überhaupt Leckerchen anzunehmen.

Unbedingt vermeiden solltest du ein „Bestraflohnen" deines Hundes. So nennen wir es, wenn der Hund eine vermeintliche Belohnung bekommt, von der er entweder enttäuscht oder genervt ist oder sie sogar als Bestrafung empfindet. Eine Beispielsituation wäre, dass der Hund mit Kopftätscheln, Streicheln oder Klopfen „belohnt" wird, obwohl er vielleicht Futter oder ein Spiel erwartet.

Mithilfe des Markers kannst du deinem Hund ganz genau vermitteln, was das jeweils erwünschte Verhalten ist. Genau wie du bei einer Fotokamera auf den Auslöser drückst, wenn du ein schönes Motiv siehst, drückst du auf den Clicker (oder benutzt dein Markersignal), wenn dein Hund sich „schön" verhält. Je mehr gute Aufnahmen du im übertragenen Sinn sammelst, desto klarer wird das Bild, das dein Hund vom Zielverhalten bekommt.

Click-für-Blick

Hat dein Hund das Prinzip des Markertrainings verstanden, hat er auch gelernt, dass er selbst etwas dafür tun kann und muss, damit du clickst. Dazu muss er jedoch bewusste Entscheidungen treffen. Genau hier setzt - neben den guten Gefühlen - der zweite Vorteil ein, den Clickern mit sich bringt. Bewusste Entscheidungen fallen deinem Hund ab einem gewissen Erregungsniveau immer schwerer. Das durch die Clicks im Hundegehirn ausgeschüttete Dopamin hilft jedoch dabei, die Erregung zu kanalisieren. Dein Hund wird also automatisch gelassener, während er auf das Markersignal reagiert.

Die Click-für-Blick-Methode (CfB) ist eine Trainingstechnik zur Gegenkonditionierung von optischen Auslösereizen, die diese beiden Vorteile verbindet. Du kannst damit vorbeugend den Anblick von allem schönclicken, was deinem Hund ein wenig komisch vorkommt und worauf er mit pauschaler Unsicherheit reagiert. Falls dein Hund bereits konkrete Ängste entwickelt hat, ist Click-für-Blick ebenfalls die Methode der Wahl. Hier ist es jedoch wichtig, vorab einzuschätzen, wie groß die Angst, also die emotionale Erregung, in der Situation bereits ist: Bis in den orangen Bereich kann ein Training mittels CfB gut funktionieren, unterstützende Entspannungstechniken sind dabei immer sinnvoll. Gerät der Hund beim Anblick eines Auslösers in den roten Bereich, ist kein Training mehr möglich und du solltest schnell die Situation verlassen.

Arbeitet man in einer beängstigenden Situation nur mit Lob und Leckerchen, wird der Hund sich automatisch in Richtung desjenigen orientieren, von dem die guten Sachen kommen. In vielen angstauslösenden Situationen ist das aber eher kontraproduktiv. Oft wird von Trainer*innen jedoch sogar empfohlen, den Hund vom Anblick eines Auslösereizes abzulenken, indem man ihn mit Leckerchen vor der Nase wegfüttert, sich dazwischenstellt, den Hund abschirmt und von ihm verlangt, sich auf den Menschen zu konzentrieren. Damit bringt man den Hund leicht in einen inneren Konflikt, wodurch sich sein Erregungslevel sogar noch erhöht. Er fühlt sich hin- und hergerissen zwischen dem Wunsch, an das Futter zu kommen, und dem Feind in seinem Nacken, den er nicht anschauen darf..CfB funktioniert genau umgekehrt:

Phase 1: Du clickst jeden bewussten Blick deines Hundes zum Auslösereiz. Mit der Belohnung kannst du ihm dann helfen, seinen Blick kurz abzuwenden, bevor es den nächsten Click wieder dafür gibt, dass er erneut hinschaut. So kannst du Hinschauen, Wegschauen, Hinschauen, Wegschauen wiederholt belohnen, bis dein Hund das Gefühl hat, die Situation gut unter Kontrolle zu haben. Schafft er es gar nicht, den Blick abzuwenden, kannst du auch mehrere Clicks und Futterstücke vergeben, während er weiter zum Auslöser schaut.

Es kann sein, dass du ihm die ersten paar Leckerchen regelrecht aufdrängen musst. Je mehr er sich aber auf das „Spiel" einlässt, desto mehr wird sich die Situation entspannen. Ist er tatsächlich nicht in der Lage, Futter anzunehmen, ist die Erregung zu groß und der Abstand muss vergrößert werden. Vielleicht braucht er auch erst noch mehr Unterstützung in anderen Bereichen, sein Stresslevel insgesamt ist noch zu hoch, das Wohlfühlbudget noch nicht optimiert, sodass der Zeitpunkt für Training an Auslösern noch zu früh ist.

In einer neuen Situation reichen oft ein paar Minuten CfB, um einen unsicheren Hund mit unbekannten Auslösern vertraut zu machen. Dabei ist unser Ziel, dass der Hund später auf neue Reize neutral reagiert. Dazu gehen wir grundsätzlich immer den Umweg, einen potenziell angstauslösenden Reiz zuerst einmal positiv zu färben. Die damit verknüpften guten Gefühle wirken wie eine Schutzimpfung gegen Ängste, damit diese erst gar nicht entstehen. Damit ist CfB eine unverzichtbare Technik zur Sozialisation und Umweltgewöhnung.

Bei bestehenden Ängsten vor bestimmten Auslösern dauert Phase 1 natürlich deutlich länger. Ziel ist auch hier, dass sich die Einstellung des Hundes verändert. Wie schnell CfB zum Erfolg führt, hängt von mehreren Faktoren ab, zum Beispiel: Wie oft hat man Gelegenheit, mit dem Reiz zu üben? Wie oft kommt es vor, dass der Hund ohne Training mit dem Reiz konfrontiert wird? Wie stark ist die Angst vor dem Reiz? Wie ängstlich ist der Hund insgesamt,

Mit Click-für-Blick lassen sich diverse erregungsauslösende optische Reize gegenkonditionieren.

wie hoch ist sein Gesamtstresslevel und wie ist sein Lebensgefühl? Wie gut kennt er bereits das Prinzip des Markertrainings? Übt man intensiv an nur einem Auslöser unter kontrollierten Bedingungen, sollte man in wenigen Wochen deutliche Fortschritte sehen.

Ein dritter Pluspunkt von CfB besteht darin, dass du damit dem Hund eine aktive Bewältigungsstrategie beibringst. Er lernt, wie er Einfluss auf die Situation nehmen und dich zum Clicken veranlassen kann. Seine Selbstwirksamkeit steigt und seine Handlungsoptionen erweitern sich.

Phase 2: Hast du erfolgreich den Anblick eines Reizes gegenkonditioniert, bedeutet das, dein Hund hat kein Problem mehr damit, und mehr noch: Er fühlt sich gut dabei, zum Auslöser zu schauen. Jetzt kann er sich auch davon abwenden, ohne ein „Feind-im-Nacken"-Gefühl zu bekommen.

Lässt du einfach die Clicks fürs Hinschauen weg, flacht sich die positive Bewertung mit der Zeit zu einer neutralen Einstellung ab. Alternativ kannst du nach dem Weglassen des Clicks auch das Ignorieren des Auslösers belohnen.

Locken oder nicht?

Traut sich ein Hund nicht in die Nähe eines Menschen oder Tiers, hat er Angst davor, einen Raum oder einen bestimmten Untergrund zu betreten, vermeidet er es, die Treppe zu benutzen und so weiter, haben viele Besitzer*innen die Tendenz, ihn mit Futter zu locken. Vielleicht hast du das auch ausprobiert und vielleicht ist dir dabei das schon mal passiert: Du wolltest deinen Hund an ein vermeintlich gefährliches Objekt heranlocken, um ihm zu zeigen, dass es gar nicht gefährlich ist. Doch anstatt dass dein Hund auch zu dieser Erkenntnis gelangt, hatte er danach noch mehr Angst als vorher.

Locken ist eine fantastische Trainingstechnik, die wir in unserem Training gern und viel nutzen. Es kann auch bei einem unsicheren Hund eine ideale Möglichkeit sein, um ihn im wahrsten Sinn des Wortes aus seiner Komfortzone herauszulocken. Du kannst ihn damit ermutigen, positive neue Erfahrungen zu machen, doch es gibt vor allem drei Punkte, auf die du achten solltest:

- Kombiniere das Locken idealerweise immer mit einem Markersignal. Aus all den schon genannten Gründen hilft der Marker deinem Hund dabei, sich schneller in der Situation (selbst)sicher und handlungsfähig zu fühlen.
- Vermeide Situationen, in denen der Hund nach dem Annehmen eines Leckerchens durch Rückzug ein Erleichterungsgefühl erlebt, vor allem, wenn du keinen Marker benutzt. Die Distanzvergrößerung wirkt als Verstärker für die Angst vor dem Auslöser und arbeitet so gegen dich.
- Sei großzügig mit Belohnungen! Die schlimmste Falle, in die wir unbedarfte Hundemenschen immer wieder tappen sehen, ist die „Noch einen Schritt mehr ...“-Falle. Wenn dein Hund auf einem gruseligen Boden einen Schritt hinter einem Leckerchen hergeht, clicke und gib ihm das Lockleckerchen sofort. Vergiss nicht, ihn zusätzlich verbal zu loben! Clicke, lobe und belohne auch die nächsten gelockten Schritte einzeln. Vielleicht kannst du danach schon dazu übergehen, für selbstständige Schritte zu clicken und zu belohnen. Ziehst du das Lockleckerchen jedoch ohne zu füttern noch einen zweiten und dritten Schritt weiter vor der Nase des Hundes weg, wirkt die Enttäuschung, es nicht zu bekommen, wie eine Strafe für den Mut deines Hundes, den ersten Schritt gemacht zu haben. (Lerntheoretisch bedeutet negative Strafe = dem Hund etwas Angenehmes vorenthalten oder wegnehmen.) Er wird vielleicht nach dem zweiten Schritt ohne Belohnung wieder rückwärtsgehen und sich danach gar nicht mehr überreden lassen, es erneut zu versuchen.

Gute Bewältigungsstrategien etablieren

Mit den verschiedenen Entspannungstechniken und der Möglichkeit, mittels Markertraining und Belohnungen positive Gefühle bei deinem Hund zu erzeugen, wirst du sicherlich bereits eine große Verbesserung in Bezug auf die Unsicherheiten deines Hundes feststellen. Zusätzlich ist es sinnvoll, konkrete Verhaltensweisen mit ihm einzuüben, die zu seinen Standardstrategien für die Bewältigung beängstigender Situationen werden können.

„Abwarten und Tee trinken“

Diese Redewendung beschreibt, dass man in einer schwierigen Situation nicht gleich

Wenn man weiß, worauf man achten muss, ist Futterlocken ein idealer Einstieg in neue Übungen und Herausforderungen.

in Panik und blinden Aktionismus verfallen sollte, sondern lieber in Ruhe beobachtet, was als Nächstes passiert, und währenddessen einen Tee trinkt, um die Zeit zu überbrücken. Da dein Hund in der Regel nicht mit einer realen Gefahr konfrontiert sein wird, ist abzuwarten und sich in Ruhe alles anzuschauen meist eine gute Idee. Damit er diese Strategie für sich als erfolgreich einordnen kann, braucht dein Hund immer wieder die Gelegenheit, sie überhaupt anzuwenden.

Shadow beobachtet von seiner sicheren Basis aus die Umgebung angespannt, aber ohne Fluchttendenz.

Ist dein Hund vor allem draußen und in neuen Situationen unsicher, etabliere zuerst über ein paar Wochen eine feste Gassistrecke, bei der du immer den exakt gleichen Weg mit ihm läufst. Wähle keinen Rundweg, sondern geh eine bestimmte Entfernung, dreh dann einfach um und laufe den gleichen Weg zurück. Auch wenn du deinem Hund gern Abwechslung bieten möchtest, ist eine gleich bleibende Routine und das Vermeiden von neuen Reizen die beste Ausgangsbasis für Veränderungen. Beginne dann damit, in deinen Spaziergang Pausen einzubauen. Setz dich auf eine Bank, einen Baumstamm oder mit deinem Hund ins Gras und nimm dir die Zeit, ihm die Zeit für Beobachtungen zu geben. Dabei kannst du ihm (statt des Tees) einen gefüllten KONG oder einen großen Kauknochen anbieten. Während er darauf herumkaut, wird er trotzdem seine Umgebung im Blick behalten, die Geräusche wahrnehmen und feststellen, dass sich „Abhängen" auch unterwegs gut anfühlt. Es kommt übrigens nicht darauf an, dass dein Hund die ganze Zeit brav neben dir liegt. Im Gegenteil: Unterstütze ihn gern durch ruhiges „Schönreden" verbal, wenn er sich traut, Explorationsverhalten zu zeigen und seine unmittelbare Umgebung (in Leinenlänge) zu erkunden.

Sobald sich dein Hund in diesen Pausenzeiten ganz von selbst entspannt, kannst du anfangen, deine Gassistrecke zu erweitern. Geh eine Abzweigung weiter und mach deine Pause an diesem neuen Ort. Warte mit deinem Hund gemeinsam, bis er in Ruhe „seinen Tee getrunken", sprich den KONG geleert hat. Geht er danach auf Erkundungstour? Prima! Sind einsame Spaziergänge in der Natur für deinen Hund sowieso kein Problem, übe das Abwarten und Beobachten an belebteren Orten. Nach und nach kannst du genau die Situationen aufsuchen, in denen dein Hund sonst vielleicht ängstlich reagiert hat. Wichtig ist hier die Abstufung zwischen Unsicherheit, leichtem Stress und großer Angst. Beobachte ihn genau und kontrolliere idealerweise seinen Pulswert, um seine emotionale Erregung einzuschätzen. Keinesfalls solltest du deinen Hund dauerhaft Reizen aussetzen, die ihn stark ängstigen!

Schnüffeln gehen

Schnüffeln gehört zu den selbstbelohnenden Verhaltensweisen, die viele Hunde sowieso für sich nutzen, um Stress abzubauen. Gleichzeitig wirkt sich abzuwenden und die Nase zum Boden zu senken deeskalierend auf Artgenossen, weshalb Schnüffelngehen auch zu den Beschwichtigungssignalen gezählt wird. Doch auch wenn sich Schnüffeln gut anfühlt, muss ein Hund überhaupt erst einmal die Erfahrung machen, dass diese Strategie ihm in schwierigen Situationen helfen kann. Viele Hunde kommen bei sehr großer Anspannung nicht mehr auf die Idee zu schnüffeln. Manche haben sogar das Pech, dass aus ihrem Schnüffelverhalten Missverständnisse mit ihrem Menschen entstanden sind und sie dafür bestraft wurden. In vielen Fällen kann das Schnüffeln auf Signal des Menschen dem Hund dann dabei helfen, diese Strategie für sich wiederzuentdecken.

Gerüche wirken schnell und direkt auf unseren emotionalen Zustand und wir können davon ausgehen, dass dieser Effekt beim Hund noch viel stärker ist als beim Menschen. Gerüche helfen uns auch dabei, Situationen besser einzuschätzen; sie haben als chemisches Signal eine Art Warnfunktion oder können Sicherheit vermitteln. Benutze daher besonders geruchsintensive Leckerchen (zum Beispiel solche mit getrocknetem Fisch) zum Aufbau eines strategischen Schnüffelsignals. Fressen und Verdauen gehen mit einer Aktivierung des Parasympathikus einher, weshalb schon der starke Geruch von Futter den Hund dazu veranlassen kann, (unbewusst) von (leichtem bis mittlerem) Stress auf Regeneration umzuschalten. Wenn du nun oft mit den extratollen Fischleckerchen Suchspiele machst, lassen sich zwei positive Effekte kombinieren: Einerseits versetzt das Futtersuchen und Fressen den Hund per se in eine positive, entspannte Stimmung. Zusätzlich verknüpft dein Hund den speziellen

Foto © Madeleine Franck

Gezieltes Abtauchen in die Welt der Gerüche, hilft den meisten Hunden dabei, sich zu entspannen.

Fischleckerli-Geruch mit genau dieser Emotion. Damit kann der Geruch später als ein weiteres konditioniertes Entspannungssignal funktionieren und die Wirkung des Hörzeichens verbessern, das du zum Schnüffeln noch ergänzend auftrainierst.

Das Schnüffelsignal soll deinem Hund später dabei helfen, sich vorübergehend ganz in seine Nasenwelt fallen zu lassen. Du kannst damit kurz sein Seeking-System aktivieren und ihm so eine Auszeit aus einer beängstigenden Situation verschaffen, aus der er entspannter wieder auftaucht. Nimm dazu anfangs eine ganze Handvoll intensiv riechender Futterstücke, halte sie dem Hund vor die Nase, lass ihn eventuell vorab daran lecken und/oder eins probieren. Kombiniere zu diesem „Heißmachen" einen Ankündigungssatz wie: „Willst du gleich schnüffeln?" Streue dann die Leckerchen auf circa 2 x 2 m Wiese aus und schicke den Hund mit einem extra Hörzeichen los zum Suchen.

Bei dieser Übung muss der Hund keine große Nasenleistung vollbringen, sondern nur das Futter aufsammeln und fressen. Dabei kannst du ihn ausgiebig loben und dein Hörzeichen wiederholen (bei uns „Suchsuch!"), das besagt, es gibt immer noch mehr zu finden. Ziel ist es, dass der Hund etwa zwei bis drei Minuten mit der Nase im Gras verschwindet und durchgängig sucht. Je höher das Gras, desto länger dauert das Suchen. Ist der Hund zu schnell fertig, kannst du unbemerkt noch ein paar Leckerchen nachstreuen. Sinnvoll ist es, das Schnüffeln dann mit einem Auflösungswort zu beenden, den Hund abzuholen und das Wiesenstück zu verlassen.

Nahrungswörter lösen ganz unterschiedliche Assoziationen und damit Emotionen aus. Die Frage „Wollen wir ein Eis essen?" führt zu einer anderen Vorstellung als der Satz „Das Gemüse wird mitgegessen!". Wir wissen, dass auch Hunde viele verschiedene Wörter mit dem inneren Bild eines bestimmten Objekts oder eines Vorgangs verknüpfen können. Daher kann schon der mit dem Szenario Fischleckerchen-Suche verknüpfte Ankündigungssatz „Willst du gleich schnüffeln?" die positiven Emotionen im Hund hervorrufen. Hast du dann im Ernstfall mal keine Fischleckerchen dabei, ist das nicht weiter schlimm.

Alle diese Signale – der Geruch, der Ankündigungssatz, das Hörzeichen – vermitteln dem Hund das Gefühl, die Situation unter Kontrolle zu haben. Er weiß sofort, was ihn erwartet, und auch, dass er sich dabei gut fühlen wird. Du kannst das Schnüffelngehen beispielsweise einsetzen, wenn ein Gewitter aufzieht, bei Geräuschängsten, wenn fremde Menschen zu Besuch kommen oder in Begegnungssituationen. Der positive Nebeneffekt des Schnüffelns auf Signal ist, dass dein Hund diese Strategie auch ohne dich anwenden kann und so mehr Selbstwirksamkeit erlangt.

Gerade für ängstliche Hunde ist übrigens jede Form der Nasenarbeit empfehlenswert, denn aus der Humanwissenschaft ist bekannt, dass Ängste, Depressionen und neurodegenerative Erkrankungen mit einem eingeschränkten Geruchssinn einhergehen. Machten Senioren beispielsweise ein gezieltes Geruchstraining, wurde nicht nur ihre Riechleistung besser, sondern auch ihr Wohlbefinden stieg. Dieser Effekt lässt sich für Hunde wahrscheinlich ebenfalls nutzen, und die Erfahrung zeigt, dass gerade Angsthunde vom Schnüffeltraining profitieren.

StressAnkerMassage

Bei der StressAnkerMassage (SAM) nimmst du den Kopf des Hundes von vorn in die Hände, sodass seine Wangen in deinen Hand-

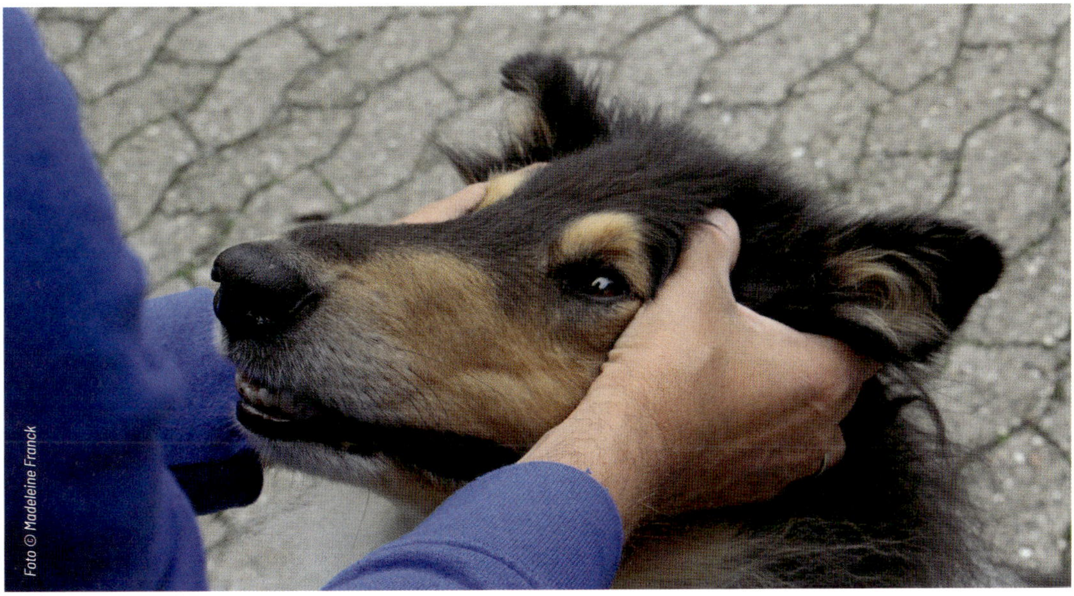

Mit der StressAnkerMassage lassen sich akustische und oft auch optische Reize abschirmen, die ansonsten Stress erzeugen können.

flächen liegen. Deine Daumen liegen zwischen Ohren und Augen. Nun kraulst du mit den Fingerspitzen die Ohrmuscheln des Hundes nah am Gehörgang.

Bei manchen Hunden wirkt die SAM sofort, den meisten muss man sie jedoch erst nahebringen. Das bedeutet, dass du deinen Hund ein paarmal mit der SAM-Technik massierst, wenn ihr gerade gemeinsam auf dem Sofa kuschelt. SAM bietet jedoch mehr Features als bloße konditionierte Entspannung, weshalb wir sie zu den aktiven Stressbewältigungsstrategien zählen:

Im praktischen Einsatz wirkt die SAM sofort durch die Abschirmung akustischer äußerer Reize. Geräusche sind für deinen Hund weniger wahrnehmbar, während seine Ohrmuscheln gekrault werden. Zusätzlich können optische Reize ausgeblendet werden, indem du beim Massieren die Augen des Hundes leicht mit den Daumen zudrückst. Durch das Massieren der Ohrmuscheln wird sehr wahrscheinlich Histamin in der Haut des Hundes freigesetzt (ein Indiz dafür ist die Tatsache, dass die meisten Hunde sofort den Kopf schütteln, wenn man mit der Massage aufhört). Auf Histamin reagiert der Körper wiederum mit der Ausschüttung von Dopamin.

Die SAM ist schnell erlernbar und in allen möglichen Situationen ohne Vorbereitung einsetzbar. Diese Strategie beinhaltet immer den Menschen als Teil der Problemlösung und fördert damit Bindung und Vertrauen. Bei Hunden, die die SAM gelernt haben, kann man oft beobachten, dass sie ganz von selbst zu ihrem Menschen gehen und die Massage initiieren, wenn sie Bedarf danach haben. Steht man während des Massierens selbst aufrecht, stecken viele Hunde dabei ihre Nase zwischen die Beine des Menschen. Damit werden zusätzlich Geruchsreize minimiert, womit der Hund eine Möglichkeit hat, sich quasi von allen Außenreizen abzuschirmen.

KONG

6

MUTMACHSPIELE

Egal, was du mit deinem Hund spielst, solange er Spaß daran hat, wird es einen positiven Effekt haben und über die vermehrte Aktivität des Spiel- oder Seeking-Systems das Mut-Level deines Hundes erhöhen. Trotzdem wollen wir noch ein paar konkrete Anregungen und Spielideen mitgeben.

Basics: Spielen mit Spielzeug und Futter

Spieltraining ist für uns eine echte Herzensangelegenheit. Das gilt nicht nur für Angsthunde, sondern pauschal für jeden Hund, ob Welpe oder Senior, Familienhund oder ambitionierten Hundesportler, ob zum Training an unerwünschtem Jagdverhalten, zur Absicherung von Alltagsübungen, zum Ausbau der Selbstkontrolle, zur Vorbeugung von Begegnungsproblemen, Stärkung der Bindung oder wofür auch immer: Spielen ist sehr oft der Schlüssel zum Erfolg. Wir nutzen zum Spielen verschiedenste Spielzeuge, am liebsten aber solche, mit denen man gut Zerrspiele machen kann. Außerdem kommt selbstverständlich Futter zum Einsatz.

Spielleidenschaft wecken

Das erste Trainingsziel lautet immer Spielleidenschaft, das zweite Spielkontrolle. Wenn dein Hund bisher nicht gern spielt, dann vergiss erst einmal die Kontrolle und bring ihn vor allem dazu, beim Spielen aus sich herauszugehen. Je gehemmter ein ängstlicher Hund in seinem Alltag ist, desto wichtiger ist es, dass du ihn ermutigst, aktiv zu werden, das Spielzeug zu jagen, zu schnappen und festzuhalten.

Meist gibt es konkrete Hemmnisse, wenn Hunde nicht gern spielen: Mag dein Hund vielleicht keine harten Gegenstände ins Maul nehmen? Tut ihm etwas weh? Befriedigt er sein Spielbedürfnis bereits beim Spiel mit Artgenossen? Ist er durch Umgebungsreize beeindruckt? Hast du einen Zweithund, der sich ins Spiel einmischt? Versuche deinem Hund optimale Spielbedingungen zu schaffen, indem du verschiedene Spielzeuge ausprobierst und alle Störfaktoren ausschaltest. Ritualisiere das Spiel, spiele selbst voller Begeisterung mit dem Spielzeug, bevor du deinen Hund mitspielen lässt, und bring vor allem Bewegung hinein.

Durch gezieltes Spieltraining baut man eine Technik auf, mit der sich später viele Situationen „schönspielen" lassen. Abgesehen davon festigt es die Bindung zwischen Mensch und Hund.

Ziel beim Spieltraining ist es, dass der Hund lernt, auf ein Hörzeichen (bei uns heißt das „Putz es!") ins Spielzeug zu beißen und bis zum Abgabewort „Aus" mit seinem Menschen zu zergeln. Dabei darf und soll er richtig aufdrehen, knurren und in Partystimmung geraten, wozu er, wenn nötig, zusätzlich angefeuert wird. Viele Hunde geraten in Ekstase, wenn sie angefasst und leicht geschubst werden. Gerade beim rauen Spiel mit Körperkontakt ist das Spielsystem aktiv und der körpereigene Belohnungseffekt verstärkt zusätzlich die Bindung zwischen Hund und Mensch.

Da mindestens die grundlegenden Spielregeln gelten, nur nach Aufforderung ins Spielzeug zu schnappen und auf Wunsch sofort wieder auszulassen, lernt der Hund, sozusagen mit klarem Kopf aufzudrehen. Er muss schließlich bewusste Entscheidungen treffen, damit das Spiel weitergeht. Damit erweiterst du sein blaues Fenster, was dir (und ihm) in anderen Erregungssituationen zugutekommt. Je fortgeschrittener der Hund beim Spieltraining bereits ist, desto höher kannst du die Anforderungen an seine Selbstkontrolle schrauben: Stimmt die Spielleidenschaft, lernt er zuerst, auf sein Spielwort zu warten, während das Spielzeug still gehalten wird. Nach und nach muss er dann Bewegungen des Spielzeugs ignorieren, angetäuschte oder echte Würfe aussitzen, bevor er reinbeißen oder hinterherflitzen darf.

„Putz es!“: Um deinen Hund vom Spielen zu begeistern und mehr Verlangen danach aufzubauen, sollte sich das Spielzeug von ihm wegbewegen. Versuch Spannung aufzubauen, indem du in geduckter Körperhaltung wegschleichst und dabei das Spielzeug vor den Augen des Hundes über den Boden ziehst. Ideal sind alle Spielzeuge, an denen du ein längeres Band befestigen kannst. Viele Hunde beißen gern in großflächige Stoffstücke, weiche Felle, Fransen oder Gitterbälle; falls dein Hund bereits ein Lieblingsspielzeug hat, solltest du das benutzen. Bewege das Spielzeug an der Schnur über den Boden und lass es lebendig werden. Starte eine wilde Jagd, lass dabei das Spielzeug Haken schlagen und vor dem Hund weghopsen. Ideal ist es, wenn er es dann schnappt, festhält und du mit ihm zerren kannst. Bei vorsichtigen Hunden hilft dabei meist mehr Abstand zum Menschen durch ein längeres Band. Aber auch wenn dein Hund das Spielzeug nur verfolgt, ist das ein guter Anfang. Vielleicht lässt er sich mit einem gefüllten Futterbeutel oder Futternetz an der Schnur eher zum Reinbeißen animieren oder du bastelst dir eine Reizangel, die noch mehr Bewegung ermöglicht. Spielt dein Hund zu Hause und im eigenen Garten, such dir immer neue Orte zum Spielen. Das Spielwort wird deinem Hund dabei helfen, sich auch woanders auf ein Spiel einzulassen und so Freude und Spaß mit neuen Orten zu verknüpfen.

Futterspiele

Zeigt sich dein Hund an Spielzeugen wenig interessiert, gib nicht gleich auf. Manchmal dauert das Spieltraining Wochen oder Monate. Versuch trotzdem immer wieder, deinen Hund davon zu begeistern, und nutze in der Zwischenzeit Futterstücke als Actionspielzeuge. Leckerchen erzeugen für sich genommen wenig Erregung; Fressen und Verdauung wirken im Gegenteil entspannend. Bei vielen Mutmachspielen nutzen wir genau diesen Effekt, zu dem jedes gefundene Leckerchen beiträgt. Um jedoch zu fördern, dass dein Hund ein Spiel mit Rennen, Jagen und Aus-sich-Herausgehen spielt, musst du aus der Futtergabe ein kleines Event machen.

Futterjagd: Dieses Spiel ist ein absoluter Klassiker und später vielseitig einsetzbar. Du brauchst große, deutlich sichtbare Futterstücke, beispielsweise große Käsestücke oder Tortellini. Am besten übst du mit deinem Hund die Futterjagd zuerst auf einem breiten Waldweg anstatt auf Gras. Nimm ein paar Leckerchen auf Vorrat in die linke Hand und eins in die rechte. Zeig deinem Hund das Leckerchen in der rechten Hand und wirf es in gerader Linie ein paar Meter weit vor dich (auf 12-Uhr-Position, wenn du dich in der Mitte eines Ziffernblatts befinden würdest). Schicke den Hund mit einer verbalen Aufforderung wie „Schnapp's dir!“ los zum Leckerchen, das er auch aus der Entfernung gut sehen kann. Sobald der Hund auf dem Weg zum Futter ist, sortierst du dich neu: Nimm ein weiteres Leckerchen in deine rechte Hand und dreh dich um 180 Grad. Hat dein Hund das erste Leckerchen gefressen und blickt auf, wirf das zweite geradeaus vor dich (auf 6-Uhr-Position) und feure ihn mit „Schnapp's dir“ an, dem Futter hinterherzujagen. Während er das tut, drehst du dich wieder um, das nächste Futter fliegt auf 12 Uhr, dann wieder eins auf 6 Uhr und so weiter.

Es wird bestimmt ein paar Wiederholungen brauchen, bis dein Hund das Spiel verstanden hat. Genau wie beim Spieltraining mit Spielzeug lohnt es sich auch hierbei, dranzubleiben und den Ablauf immer wieder zu üben. Dann kannst du die Futterjagd wunderbar einsetzen, um deinen Hund dazu zu animieren, sich neue Dinge zu trauen: Dekoriere deinen Wohnzimmerboden mit verschiedenen Bodenbelägen wie platt gedrückten Pappkartons, einem raschelnden Müllbeutel, dazwischen ein paar aufgetürmte Kissen, und verlege die Futterjagd in dieses Abenteuerland. Reagiert dein Hund ängstlich auf neue Objekte und Veränderungen in seinem Umfeld, dann dekoriere regelmäßig um und lass ihn einen Weg zum geworfenen Futter finden.

Nutze die Futterjagd außerdem als ein kurzes Erholungsspiel, wenn unerwartet etwas Erschreckendes passiert, es zum Beispiel auf dem Spaziergang plötzlich knallt oder eine Begegnung deinen Hund eingeschüchtert hat. Vor allem, wenn dein Hund unter Stress eher die Flucht antreten würde, hilft ihm das eingeübte Wurfritual Hin-Her-Hin-Her dabei, seinen Stress durch Bewegung aufzulösen und auf andere Gedanken zu kommen.

Futterjagd ist ein Actionspiel, für das Hunde schnell zu begeistern sind.

Fang den Keks: Trainiere als Erstes ein Ankündigungswort wie „Fang" oder „Keks", das dem Hund die Gelegenheit gibt, sich auf die Belohnung einzustellen. Nimm dazu mehrere Leckerchen in die Hand, stell dich direkt vor ihn, sag das Wort und bring dann die Hand von oben zum Hund, sodass das Leckerchen nur noch ein kurzes Stück in sein Maul fallen muss. Wiederhole diesen Schritt, bis dein Hund sich bemüht, das Leckerchen zu fangen. Vergrößere erst die Entfernung, aus der du das Leckerchen von oben ins Maul fallen lässt, und dann deinen Abstand zum Hund. Stell dich etwa einen Meter weit weg zu ihm auf und wirf ihm das Futterstück nach der Ankündigung „Fang!" in einem hohen Bogen zu. Je mehr Zeit er hat, um die Flugbahn zu beobachten, desto leichter klappt das Fangen. Mit zunehmender Routine soll dein Hund sich dann aber mehr anstrengen müssen - wir wollen ja Action! Mach ihn auf das Futter heiß, gib das Signal und wirf ihm das Futter dann so zu, dass er sich bewegen muss, damit er es schnappen kann. Mal etwas zu hoch, dann zu kurz, nach links oder rechts. Loben und freuen nicht vergessen, wenn er erfolgreich ist!

Das Keksefangen ist eine gute Möglichkeit, einen Hund, der tendenziell zum Einfrieren neigt, „aufzutauen". Er muss sich weniger weit von dir entfernen als bei der Futterjagd, aber dennoch kannst du den Spaß aus dem Spiel auf die Situation übertragen. Keksefangen lässt sich bestens mit Click-für-Blick kombinieren.

Geworfene Leckerchen aus der Luft zu fangen, bringt beeindruckte Hunde auf andere Gedanken.

Suchspiele: Zusätzlich zu deinem spezifischen „Such-such"-Signal für andauerndes Schnüffeln auf begrenztem Raum solltest du ein Ankündigungssignal für versteckte Leckerchen etablieren. Lass deinen Hund an einem bestimmten Platz warten, zum Beispiel auf dem Sofa, zeig ihm deine Hand voller Leckerchen und sag deinen Ankündigungssatz, wie „Jetzt kommt Verstecken!". Verteile die Futterstückchen anfangs vor seinen Augen, später auch außer Sicht, um die Ecke im Flur oder in einem anderen Raum. Löse das Warten mit deinem Auflösungssignal auf und freue dich mit deinem Hund über jedes Leckerchen, das er findet. Auf die gleiche Art kannst du dann Suchspiele an fremden Orten aufbauen, um deinen Hund zu ermutigen, seine Umgebung zu erkunden: Besuche Freunde in ihrem Garten oder ihrer Wohnung, wo dein Hund dann ungestört auf die Suche gehen darf, oder verteile das Futter an belebten Orten im Park oder sogar in der Stadt.

Abgesehen von der angekündigten Futtersuche kannst du auch heimlich Leckerchen zu Hause und an Orten verstecken, die dein Hund erkunden darf. Ist sein Seeking-System erst einmal aktiv, wird er immer mehr Spaß am Auskundschaften finden und mit einer positiveren Erwartungshaltung auf neue Umgebungen reagieren.

Spielerisch Herausforderungen meistern

Stell deinem Hund regelmäßig neue Spielaufgaben, bei denen eine kleine Überwindung nötig ist. Dabei kannst du immer von etwas Bekanntem ausgehen und dazu neue Elemente kombinieren.

Überraschungskiste: Kennt dein Hund bereits die versteckten Leckerchen im Raum, kombiniere deine „Jetzt kommt Verstecken"-Ankündigung damit, dass du vor seinen Augen Futter in einer Kiste oder einem Karton zwischen zerknülltem Zeitungs- oder Packpapier versteckst. Traut er sich, das Papier mit der Nase zur Seite zu schieben, um an die Belohnungen zu kommen? Dann steck beim nächsten Mal noch ein paar leere PET-Flaschen mit in die Kiste oder einen Handkehrbesen samt Schaufel, knisternde Luftpolsterfolie oder was immer du gerade zu Hause rumliegen hast. Mach aus deiner Kiste eine Überraschungskiste, die immer etwas Neues, leicht Unangenehmes, aber dafür immer auch etwas Tolles enthält. Halte die Herausforderungen anfangs so klein, dass dein Hund

Die Überraschungskiste eröffnet viele Möglichkeiten, um neue Herausforderungen mit einem bekannten Ablauf zu kombinieren. Shadow traut sich sogar an die scheppernden PET-Flaschen.

schnell Erfolg hat und die guten Gefühle beim Durchstöbern (= Seeking-System) und Finden der Leckerchen fest mit dem Spiel verknüpft werden. Freut er sich über jede neue Überraschungskiste, übertragen sich diese Emotionen langfristig auch auf die enthaltenen, eher unangenehmen Objekte.

Pack statt der Leckerchen auch mal verschiedene Spielzeuge in die Kiste und tausche Spielzeuge mit befreundeten HundebesitzerInnen, damit du fremde Gerüche integrieren kannst. Steigere den Grad der Überwindung, individuell angepasst an deinen Hund. Findet er raschelndes Papier schon gruselig, starte mit weichem Toilettenpapier, bevor du später zu Zeitungen wechselst. Hat er anfangs Angst vor dem Geräusch der umkippenden PET-Flaschen, kannst du mit der Zeit wahrscheinlich sogar Futter in die Flaschen füllen für einen zusätzlichen Geräuscheffekt. Denk wie immer daran, deinen Hund durch verbales Lob zu unterstützen.

Geschenke auspacken verlangt deinem Hund bestimmt auch eine kleine Überwindung ab. Dazu kannst du Futterstücke ganz lose in Zeitungspapier verpacken, das er zerpflücken muss, um sie hervorzupuhlen. Für Fortgeschrittene werden die Leckerchen dann immer mehr umwickelt, vielleicht sogar verschnürt, das Geschenk wandert zusätzlich unter eine Decke oder einen Karton und trainiert so spielerisch auch die Frustrationstoleranz und Lösungsorientiertheit. Während dein Hund in der Kiste mit der Nase wühlen muss, kommt er hierbei nur zum Ziel, wenn er auch seine Pfoten und Zähne einsetzt. Wenn du als Nächstes die Leckerchen in ein kleines Handtuch statt Papier einrollst, ist eine neue Strategie gefragt.

Shapen in fremder Umgebung: Kennt dein Hund das freie Formen aus dem Kreativitätstraining in seinen sicheren vier Wänden, kannst du diese Trainingstechnik auch nutzen, um ihn schrittweise in Herausforderungen hinein- und erfolgreich durch sie hindurchzuclicken. Beginne damit, überhaupt an einem neuen Ort ein Verhalten hervorzurufen. Ideal dafür ist es, wenn du schon zu Hause mit deinem Hund ein Startsignal wie „Probiere mal aus!" etabliert hast. Dann wird es deinem Hund leichter fallen, auch in einer anderen Situation aktiv zu werden. Übertrage das kleinschrittige Ausprobieren aus der Kreativitätsübung auf Objekte in der Natur, clicke zum Beispiel dafür, dass dein Hund mit einem Tannenzapfen interagiert, den du ihm hinlegst. Interessiert er sich dafür? Click. Schnuppert er daran? Click. Stupst er ihn an? Click. Kommt der Zapfen ins Rollen? Click. Oder nimmt dein Hund ihn ins Maul? Click. Mit jedem Click steigt das Selbstvertrauen deines Hundes, denn er kann aktiv auslösen, dass du deinen Marker benutzt, die Dopaminausschüttung in Gang kommt und auch noch eine Belohnung zu haben ist.

Kannst du ihn mit „ungefährlichen" Dingen in einen Shaping-Modus bringen, kommen die Herausforderungen ins Spiel. Reagiert er beispielsweise ängstlich, wenn auf seiner gewohnten Gassistrecke plötzlich gelbe Säcke am Straßenrand stehen, starte mit ein paar Wiederholungen Click-für-Blick. Clicke als Nächstes dafür, dass dein Hund sich den Säcken nähert, statt sie nur anzuschauen. Belohne den Weg zu einem Gruselobjekt großzügig - wenn nötig jeden Schritt mehrfach, bevor du zwei Schritte, dann drei in die erwünschte Richtung für den Click verlangst. Wahrscheinlich kannst du beobachten, dass durch das Shapen das Eis schnell gebrochen ist und dein Hund sich plötzlich traut, die Säcke genauso anzustupsen wie zu Hause seinen Pappkarton. Freu dich mit ihm und hilf ihm mit deiner Stimme zusätzlich zum Markern. Ist die Herausforderung gemeistert, wird sich dein Hund wie ein Held fühlen und diesen Mut-Booster mit in die nächste Herausforderung nehmen.

Koordinative Spiele für mehr Körperbewusstsein

Einen gut koordinierten Hund erkennst du an seinen harmonischen und kontrollierten Bewegungen. Viele Hunde, vor allem Junghunde und Vertreter schnell wachsender Rassen, wirken jedoch eher unkoordiniert in ihren Bewegungen. Sie haben Probleme, rechtzeitig zu bremsen, um niemanden anzurempeln oder nirgendwo dagegenzurennen, sie wedeln mit der Rute Dinge vom Sofatisch oder verschätzen sich beim Sprung ins Auto. Geht es um die Feinabstimmung einzelner Gliedmaßen, beispielsweise beim Klettern, scheint manchen Hunden ihre Hinterhand gar nicht bewusst zu sein. Für ängstliche Hunde ist es ein großer zusätzlicher Unsicherheitsfaktor, den eigenen Körper nicht „im Griff" zu haben.

Jeder Hund wird davon profitieren, wenn du mit ihm koordinative Spiele spielst. Koordination ist die Basis jeder Bewegungsausführung. Daran beteiligt sind das Gehirn, die Sinnesorgane, Muskeln, Faszien und entsprechende Rezeptoren. Dein Hund wird ein besseres Gefühl dafür entwickeln, Bewegungen im richtigen Maß auszuführen, sich zurückzunehmen und geschickt auf Unvorhergesehenes zu reagieren. Den eigenen Körper besser kontrollieren zu können, fördert das Selbstbewusstsein und die Gelassenheit. Hektische Hunde verbessern ihre Konzentrationsfähigkeit, ängstliche Hunde können wieder Erfolgserlebnisse sammeln.

Für koordinative Spiele sollte dein Hund ein wenig aufgewärmt (aber nicht müde), ruhig und entspannt sein. Am besten übst du

Klettern und Balancieren schult Körperbewusstsein und Gleichgewichtssinn, bereitet Spaß und macht mutig.

anfangs zu Hause in bekannter Umgebung ohne Ablenkung. Alle neuen Bewegungen sollten zuerst langsam ausgeführt werden. Damit dein Hund eine Übung nicht nur versteht, sondern sein Körper sie auch verinnerlicht, solltest du sie mindestens dreimal pro Woche wiederholen. Koordinative Fähigkeiten müssen nach dem Erlernen lebenslang „wachgehalten" werden, sonst können sie wieder verkümmern. Da es um bewusste Bewegungssteuerung geht, solltest du die selbstständige Ausführung clicken und füttern, anstatt den Hund dauerhaft zu locken.

Achte bei allen verwendeten Materialien und Klettermöglichkeiten draußen darauf, dass dein Hund sich auch bei einer ungeschickten Bewegung nicht verletzten kann.

Klettern und Balancieren

Dein Hund nutzt seine Sinnesorgane, zum Beispiel seine Augen und das propriozeptive System, um den „Istzustand" seines Körpers einzuschätzen. Du kannst seine Wahrnehmung für Berührungsreize an den Pfotenballen schulen, indem du jede Gelegenheit nutzt, um ihn über unterschiedliche Untergründe gehen zu lassen. Das Stehen und Gehen über instabile und wackelige Untergründe zwingt den Körper zu ständigen Ausgleichsbewegungen und verbessert so ebenfalls sein Bewusstsein für einzelne Körperteile und das Zusammenspiel von Rezeptoren, Sehnen, Muskeln und Faszien. Dafür kannst du käufliche Balancekissen nutzen oder einfach eine zusammengefaltete Decke.

Beim Klettern hat dein Hund die Möglichkeit, im doppelten Sinne über sich hinauszuwachsen. Nutze die Möglichkeiten, die die Natur euch bietet: Große Felsbrocken? Prima – von dort oben hat dein Hund auch gleich eine andere Aussicht, die seine Perspektive erweitert. Hilf ihm durch deine verbale Unterstützung, durch Clicks und Belohnungen dabei, sich immer wieder einen Schritt weiter zu wagen. Ein liegender Baumstamm? Die perfekte Gelegenheit zum Balancieren. Streu ihm eine Reihe Leckerchen auf dem Baumstamm entlang, die er ganz gemütlich aufsammeln kann, während er sich vorwärtsbewegt. Animiere ihn nach ein paar Durchgängen dazu, sich auf dem Baumstamm umzudrehen und zurückzulaufen. Je mehr Sicherheit er auf dem Stamm bekommt, desto freier wird er sich bewegen. Musstest du ihn anfangs vielleicht noch seitlich unterstützen, wird er sich bald richtig gut fühlen, wenn er merkt, dass er der Herausforderung gewachsen ist. Viele Hunde lieben es, auf Balancierstämmen hin und her zu flitzen und das Hochgefühl zu genießen, eine anfängliche Unsicherheit überwunden zu haben.

Beim Waldspaziergang kannst du für deinen Hund kleine Koordinationsparcours aus Ästen bauen, die du wie bei einem Mikadospiel kreuz und quer oder auch geordnet im Kreis auf einem Baumstumpf aufliegend anordnest. Dann verstreust du einfach eine Handvoll Leckerchen zwischen den Ästen, sodass dein Hund einen guten Grund hat,

Zorro zeigt seinen Pfotentarget fürs Foto zum ersten Mal an einem Stein in fremder Umgebung.

ruhig schnüffelnd darüberzuklettern. Übersteigt er die Äste zielsicher, lege einzelne so hoch, dass er sich auch mal darunter durchducken muss.

Pfotentargets

Die Vorderpfoten gezielt einzusetzen, fällt den meisten Hunden leicht. Schwieriger wird es, wenn sie ihre Hinterpfoten irgendwo draufsetzen sollen und das mit einer Rückwärtsbewegung verbunden ist.

Ein guter Einstieg ins Training von Pfotentargets ist es deshalb, erhöhte Gegenstände zu verwenden – bitte aber optisch unterschiedliche für Vorder- und Hinterpfoten. Du kannst deinen Hund anfangs mit einem Leckerchen auf einen Topf, eine Schüssel oder einen Hocker locken und sofort clicken, wenn er mit den Vorderpfoten daraufsteigt. Nach dem Prinzip „Clicken für Aktion, Füttern für Position" gibt's danach weitere Clicks und Belohnungen auf der Schüssel, bevor du die Position wieder auflöst. Sobald dein Hund weiß, um was es geht, führe ein Hörzeichen ein wie „Vorn" oder „Pfoten" und lasse das Locken weg. Ein Hinterpfotentarget lässt sich am leichtesten aus einem geraden Überlaufen eines Hockers oder einer Stufe aufbauen. Locke den Hund zuerst vorne rauf (Click und Belohnung), dann geradeaus weiter, sodass er vorn wieder ab- und gleichzeitig hinten raufsteigt – Click und Jackpot.

Klappt dieser Schritt gut und du hast ein Hörzeichen etabliert, kommt eine Umdrehbewegung hinzu: Vorne rauf, dann aber nicht geradeaus weiter, sondern umdrehen, um vorne ab- und hinten raufzusteigen.

Jetzt muss der Hund seine Hinterfüße gezielt zum Hocker drehen und wird anfangen, nach rückwärts zu denken. Im letzten Schritt verhinderst du das „Vornerauf", indem du den Hund anleinst und nur dein Hörzeichen für „Hinten" sagst. Jetzt wird sich der Hund nur mit den Hinterpfoten zum Target hin orientieren.

"Ich weiß, was kommt"

Für unsichere Hunde sind Rituale und Erwartungssicherheit wichtige Elemente ihres Wohlbefindens. Mit Spielen wie der Futterjagd, dem Keksefangen oder der Überraschungskiste baust du feste Abläufe auf, die deinem Hund dabei helfen, sich dann auch mit neuen Dingen auseinanderzusetzen. Das Gefühl „Ach ja, ich weiß, was kommt" kannst du vor allem mit solchen Spielen festigen, die immer einem bestimmten Muster folgen.

Eins, zwei, drei: Viele bekannte Musterspiele wurden erstmals von der amerikanischen Verhaltensberaterin Leslie McDevitt verbreitet. Beim Eins-zwei-drei-Zählspiel bekommt dein Hund immer auf „drei" ein Leckerchen. Stell dich dazu vor ihn hin, zähle laut „Eins, zwei, drei" und füttere ihn auf „drei", bevor du den Ablauf (mehrfach) wiederholst. Geh dann mit deinem dir folgenden Hund rückwärts, indem du ihn mit deiner Leckerchenhand vor der Nase ein wenig mitlockst. Zähle wieder „Eins, zwei, drei" = Leckerchen und ändere deine Position schließlich so, dass dein Hund beim Zählen seitlich neben dir läuft. Der ursprüngliche Sinn des Spiels besteht darin, die Aufmerksamkeit des Hundes auf dir zu halten, während er frei neben dir läuft. Das ist ein netter Nebeneffekt, viel wichtiger ist die Vorhersagbarkeit des fest verknüpften Leckerchenrituals, das deinem Hund hilft, sich in einer schwierigen Situation auf etwas anderes als seine aktuellen Ängste zu fokussieren.

Links, rechts: Statt zu zählen, kannst du genauso einfach Futterstücke abwechselnd links und rechts von dir fallen lassen. Dazu stellst du dich wieder vor deinen Hund, zeigst ihm die Leckerchen in beiden Händen, sagst „Links" und wirfst eines links von dir auf den Boden. Sobald er es gefressen hat und aufblickt, sagts du „Rechts" und wirfst aus der rechten Hand eines neben dich. So geht es immer weiter links - rechts - links - rechts - links - rechts, bis der Hund die Abfolge im Schlaf auswendig kann. In dieses Spiel kannst du dann gruselige Objekte oder auch Menschen integrieren, falls dein Hund ängstlich auf fremde Personen reagiert. Wirf dazu immer das eine Leckerchen in die Nähe der Person, das nächste wieder auf die andere Seite. Mit jeder Wiederholung wird dein Hund zuversichtlicher in die Nähe der Person laufen, weil er an deinen „Links"-„Rechts"-Hörzeichen das Spielmuster erkennt und zusätzlich gar keine Zeit hat, sich über den anderen Menschen Sorgen zu machen.

Das Pfotengeben ist ein einfacher Einstiegstrick, den auch der fünf Monate alte Bono schon kann.

Umdrehen: Mach für deinen Hund ein Spiel daraus, auf ein Hörzeichen wie „Umdrehen" sofort zu reagieren und in die entgegengesetzte Richtung zu laufen. Am besten drehst du dich selbst mit, denn deine Körperbewegung gibt das deutlichere Signal als nur ein Hörzeichen. Nach der Wendung kannst du dafür als Belohnung immer ein großes Stück Käse in die neue Laufrichtung werfen oder das Spielzeug einsetzen. Kombiniert mit einem Ankündigungssatz wie „Auf die Plätze ... fertig ... umdrehen!" wird auch die Kehrtwendung zu einem festen Ritual, das dir helfen kann, Situationen zu entschärfen, in denen tatsächlich unangenehme Erfahrungen drohen. Ist dein Hund unsicher in Hundebegegnungen, hat er Angst vor Pferden, kleinen Kindern oder größeren Menschengruppen, kannst du mit deinem Umdrehspiel bei einer Begegnung schon auf Entfernung den Rückzug antreten und Stress vermeiden.

Der Lieblingstrick: Hat dein Hund schon einen Lieblingstrick? Wenn nicht, ist es dringend Zeit für ein wenig Tricktraining. Im Prinzip eignet sich jedes zuvor intensiv positiv verstärkte Verhalten dafür, deinen Hund während einer Unsicherheit auf andere Gedanken zu bringen. Manchmal kommt man jedoch gar nicht auf die Idee, das Verbeugen, den Handtouch, das Männchen-Machen oder die Rolle aus dem heimischen Wohnzimmer mit in die stressige Außenwelt zu nehmen. Doch genau das solltest du tun: Lass deinen Hund seinen Lieblingstrick immer mal zwischendurch performen, damit du das positive Ritual des Tricktrainings auch dann für dich nutzen kannst, wenn Stress in der Luft liegt.

ÜBER DIE AUTOREN

Rolf und Madeleine Franck leiten gemeinsam die Partnerschule für Mensch und Hund in der Nähe von Bremen. Unter dem Namen „Blauerhund" bieten sie Kurse, Seminare und Onlinefortbildungen für Hundebesitzer an, bei denen es immer darum geht, Hunde emotional zu verstehen und zu trainieren. Ziel ihres Trainings ist stets ein ausgeglichener, ein „blauer" Hund, der seinen Alltag gelassen meistert. Sie unterstützen Hundebesitzer darin, eine stabile, liebevolle Bindung zu ihren Hunden aufzubauen und mit positiven Trainingstechniken im Alltagstraining, Hundesport und bei der Bewältigung von Problemverhalten erfolgreich zu sein.

Rolf C. Franck

Dipl. CABT (coape) hat etwa 30 Jahre Erfahrung in der Hundeausbildung und ist seit 1992 ständig als Trainer tätig. Er arbeitet seit 1996 als professioneller Verhaltensberater und hat zahlreiche Fachartikel und mehrere Bücher veröffentlicht. Rolf ist der erste deutsche Inhaber des Diploms in Heimtierverhalten und -training am Zentrum für angewandte Verhaltenskunde (England), wo er als einer der Kursbesten abschloss. Sein damaliger Tutor, Prof. Dr. Peter Neville, hat ihn 2004 zum Partner ernannt. Rolf ist Mitglied der „COAPE Association of Animal Practitioners", England.

Rolf beschäftigt sich nicht nur beruflich, sondern auch in seiner Freizeit mit Hunden und Hundesport. Er war einer der ersten Hundesportler Deutschlands in den Sportarten Agility und Obedience und ist seit dem Jahr 2000 Leistungsrichter für Agility.

Rolfs Zwinger „Lionheart Border Collies" besteht seit 1992 im CfBrH, aus seiner kleinen Zucht sind Champions im Ausstellungs- und Obediencering hervorgegangen.

Madeleine Franck

Die Diplom-Psychologin Madeleine Franck hat sich bereits während ihres Studiums an der Universität Trier mit der Beziehung zwischen Mensch und Tier, besonders im Rahmen Tiergestützter Therapie/Aktivitäten beschäftigt. Für ihre Diplomarbeit konzipierte sie eine Studie zu den Persönlichkeitseigenschaften von Hundebesitzern und ihren Vierbeinern.

Sie ist seit mehr als 20 Jahren als Trainerin tätig und hat gemeinsam mit Rolf die Kurse der Partnerschule und Seminarreihen entwickelt, Vorträge, Artikel und Bücher geschrieben. Neben ihren Aktivitäten für Blauerhund ist Madeleine seit 2012 für den Cadmos Verlag als Projektleiterin Hund tätig und Chefredakteurin des Bookazins SitzPlatzFuss.

Madeleine hat mit ihren Hunden (Jack Russell Terrier und Border Collies) zahlreiche Erfolge in den Hundesportarten Agility und Obedience gefeiert. Aktuell gilt ihre Leidenschaft vor allem Letzterem, der hohen Schule des Gehorsamstrainings in harmonischer Perfektion.

Zum Weiterüben

Blauerhund®

Ergänzend zu unseren Büchern und Live-Seminaren, Workshops und Kursen, haben wir mittlerweile diverse Onlineangebote zusammengestellt, die jederzeit und individuell gebucht werden können. In unserem Onlinekurs „Alltagstraining und Grundlagen" findest du viele wichtige Inhalte auf dem Weg zum alltagstauglichen, entspannten Hund und kannst in wöchentlichen Videos sehen, wie sich Trainingsfortschritte systematisch aufbauen lassen. Ausführliche Infos dazu findest du unter www.elopage.com/s/rolfcfranck und natürlich auf unserer Webseite www.blauerhund.de

TIPPS ZUM WEITERLESEN

Falconer-Taylor, Robert & Neville, Peter (2013):
Emotionen einschätzen, Hunde verstehen. Das EMRA™-System als individuelle Herangehensweise an Verhaltensprobleme und deren Therapie.
Cadmos Verlag

Franck, Rolf C. und Franck, Madeleine (2021):
Das Buch für Hundeeltern. Hunde emotional verstehen und erziehen.
Cadmos Verlag

Franck, Rolf C. und Franck, Madeleine (2018):
Das Welpen-ABC. Junge Hunde positiv fördern und erziehen.
Cadmos Verlag

Franck, Rolf C. und Franck, Madeleine (2013):
Darf's einer mehr sein? Entspanntes Zusammenleben mit zwei und mehr Hunden.
Cadmos Verlag

Freiling, Karin Petra (2016):
Entspannungstraining für Hunde. Stress, Ängste und Verhaltensprobleme reduzieren.
Cadmos Verlag

Jacobs, Christiane (2023):
Sprich Hund! Körpersprache verstehen, Missverständnisse vermeiden,
Cadmos Verlag

Lismont, Katrien (2017):
Hund trifft Hund. Entspannte Hundebegegnungen an der Leine.
Cadmos Verlag

Panksepp, Jaak und Biven, Lucy (2012):
The Archaeology of Mind. Neuroevolutionay Origins of Human Emotions.
W. W. Norton & Company

Panksepp, Jaak (1998):
Affective Neuroscience. The Foundations of Human and Animal Emotions.
Oxford University Press

STICHWORTREGISTER

HUNDE sind vielfältig, faszinierend und individuell, genau wie die Themen in **SitzPlatzFuss.** Autoren mit aktuellem Fachwissen und großer Praxiserfahrung schreiben für Menschen, die sich einen positiven Umgang mit ihrem Hund wünschen.

WWW.SITZPLATZFUSS.COM

Erscheinungsweise:
4 x jährlich (Januar, April, Juli, Oktober)

Abo-Preis:
€ 45,00 für vier Ausgaben in Deutschland und Österreich und € 60,00 in alle anderen Länder

Abo plus Sonderheft:
€ 50,00 (Österreich + Deutschland), € 65,00 (alle anderen Länder)

Einzelpreis:
€ 14,40 in Deutschland und Österreich und € 18,90 in der Schweiz

Abo-Bestellungen:
Aboservice SitzPlatzFuss, Telefon +49(0)89/8 58 53-554, Fax +49(0)89/8 58 53-888
sitzplatzfuss@cover-services.de oder online auf der SitzPlatzFuss-Seite unter **www.sitzplatzfuss.com**

Einzelheft-Bestellungen:
im Cadmos-Verlag-Online-Shop auf **https://bit.ly/2zvgQ2m** bzw.via E-Mail unter vertrieb@cadmos.de oder telefonisch unter +49(0)89/451 08 510-0

CADMOS Verlag

Cadmos Verlag GmbH, Englmannstraße 2, 81673 München
Tel. +49 (0)89/451 08 51-0, vertrieb@cadmos.de, **www.cadmos.de**